精通Python
爬虫框架Scrapy

〔美〕迪米特里奥斯 考奇斯-劳卡斯（Dimitrios Kouzis-Loukas） 著

李斌 译

人民邮电出版社

北 京

图书在版编目（ＣＩＰ）数据

精通Python爬虫框架Scrapy／（美）迪米特里奥斯·
考奇斯-劳卡斯著；李斌译. -- 北京：人民邮电出版社，
2018.2（2023.4重印）
ISBN 978-7-115-47420-9

Ⅰ. ①精… Ⅱ. ①迪… ②李… Ⅲ. ①软件工具—程
序设计 Ⅳ. ①TP311.561

中国版本图书馆CIP数据核字(2017)第305803号

版 权 声 明

◆ 著　　　[美]迪米特里奥斯 考奇斯-劳卡斯
　　　　　　（Dimitrios Kouzis-Loukas）

　　译　　　李　斌
　　责任编辑　傅道坤
　　责任印制　焦志炜

◆ 人民邮电出版社出版发行　　北京市丰台区成寿寺路 11 号
　　邮编　100164　电子邮件　315@ptpress.com.cn
　　网址　https://www.ptpress.com.cn
　　北京盛通印刷股份有限公司印刷

◆ 开本：800×1000　1/16
　　印张：16　　　　　　　　　2018 年 2 月第 1 版
　　字数：225 千字　　　　　　2023 年 4 月北京第 19 次印刷

著作权合同登记号　图字：01-2017-2291 号

定价：69.80 元

读者服务热线：**(010)81055410**　印装质量热线：**(010)81055316**
反盗版热线：**(010)81055315**
广告经营许可证：京东市监广登字 20170147 号

内容提要

  Scrapy 是使用 Python 开发的一个快速、高层次的屏幕抓取和 Web 抓取框架，用于抓 Web 站点并从页面中提取结构化的数据。本书以 Scrapy 1.0 版本为基础，讲解了 Scrapy 的基础知识，以及如何使用 Python 和三方 API 提取、整理数据，以满足自己的需求。

  本书共 11 章，其内容涵盖了 Scrapy 基础知识，理解 HTML 和 XPath，安装 Scrapy 并爬取一个网站，使用爬虫填充数据库并输出到移动应用中，爬虫的强大功能，将爬虫部署到 Scrapinghub 云服务器，Scrapy 的配置与管理，Scrapy 编程，管道秘诀，理解 Scrapy 性能，使用 Scrapyd 与实时分析进行分布式爬取。本书附录还提供了各种必备软件的安装与故障排除等内容。

  本书适合软件开发人员、数据科学家，以及对自然语言处理和机器学习感兴趣的人阅读。

关于作者

Dimitrios Kouzis-Loukas 作为一位顶级的软件开发人员，已经拥有超过 15 年的经验。同时，他还使用自己掌握的知识和技能，向广大读者讲授如何编写优秀的软件。

他学习并掌握了多门学科，包括数学、物理学以及微电子学。他对这些学科的透彻理解，提高了自身的标准，而不只是"实用的解决方案"。他知道真正的解决方案应当是像物理学规律一样确定，像 ECC 内存一样健壮，像数学一样通用。

Dimitrios 目前正在使用最新的数据中心技术开发低延迟、高可用的分布式系统。他是语言无关论者，不过对 Python、C++和 Java 略有偏好。他对开源软硬件有着坚定的信念，他希望他的贡献能够造福于各个社区和全人类。

关于审稿人

Lazar Telebak 是一位自由的 Web 开发人员，专注于使用 Python 库/框架进行网络爬取和对网页进行索引。

他主要从事于处理自动化和网站爬取以及导出数据到不同格式（包括 CSV、JSON、XML 和 TXT）和数据库（如 MongoDB、SQLAlchemy 和 Postgres）的项目。

他还拥有前端技术和语言的经验，包括 HTML、CSS、JS 和 jQuery。

前言

让我来做一个大胆的猜测。下面的两个故事之一会和你的经历有些相似。

你与 Scrapy 的第一次相遇是在网上搜索类似 "Web scraping Python" 的内容时。你快速对其进行了浏览，然后想 "这太复杂了吧……我只需要一些简单的东西。" 接下来，你使用 Requests 库开发了一个 Python 脚本，并且挣扎于 Beautiful Soup 中，但最终还是完成了很酷的工作。它有些慢，所以你让它整夜运行。你重新启动了几次，忽略了一些不完整的链接和非英文字符，到早上的时候，大部分网站已经 "骄傲地" 存在你的硬盘中了。然而难过的是，不知什么原因，你不想再看到自己写的代码。当你下一次再想抓取某些东西时，则会直接前往 scrapy.org，而这一次文档给了你很好的印象。现在你可以感受到 Scrapy 能够以优雅且轻松的方式解决了你面临的所有问题，甚至还考虑到了你没有想到的问题。你不会再回头了。

另一种情况是，你与 Scrapy 的第一次相遇是在进行网络爬取项目的研究时。你需要的是健壮、快速的企业级应用，而大部分花哨的一键式网络爬取工具无法满足需求。你希望它简单，但又有足够的灵活性，能够让你为不同源定制不同的行为，提供不同的输出类型，并且能够以自动化的形式保证 24/7 可靠运行。提供爬取服务的公司似乎太贵了，你觉得使用开源解决方案比固定供应商更加舒服。从一开始，Scrapy 就像一个确定的赢家。

无论你是出于何种目的选择了本书，我都很高兴能够在这本专注于 Scrapy 的图书中遇到你。Scrapy 是全世界爬虫专家的秘密。他们知道如何使用它以节省工作时间，提供出色的性能，并且使他们的主机费用达到最低限度。如果你没有太多经验，但是还想实现同样的结果，那么很不幸的是，Google 并没有能够帮到你。网络上大多数 Scrapy 信息要么太简单低效，要么太复杂。对于那些想要了解如何充分利用 Scrapy 找到准确、易理解且组织良好的信息的人们来说，本书是非常有必要的。我希望本书能够帮助 Scrapy 社区进一步发展，并使其得以广泛应用。

本书内容

第 1 章，Scrapy 简介，介绍本书和 Scrapy，可以让你对该框架及本书剩余部分有一个明确的期望。

第 2 章，理解 HTML 和 XPath，旨在使爬虫初学者能够快速了解 Web 相关技术以及我们后续将会使用的技巧。

第 3 章，爬虫基础，介绍了如何安装 Scrapy，并爬取一个网站。我们通过向你展示每一个行动背后的方法和思路，逐步开发该示例。学习完本章之后，你将能够爬取大部分简单的网站。

第 4 章，从 Scrapy 到移动应用，展示了如何使用我们的爬虫填充数据库并输出给移动应用。本章过后，你将清晰地认识到爬虫在市场方面所带来的好处。

第 5 章，迅速的爬虫技巧，展示了更强大的爬虫功能，包括登录、更快速地抓取、消费 API 以及爬取 URL 列表。

第 6 章，部署到 Scrapinghub，展示了如何将爬虫部署到 Scrapinghub 的云服务器中，并享受其带来的可用性、易部署以及可控性等特性。

第 7 章，配置与管理，以组织良好的表现形式介绍了大量的 Scrapy 功能，这些功能可以通过 Scrapy 配置启用或调整。

第 8 章，Scrapy 编程，通过展示如何使用底层的 Twisted 引擎和 Scrapy 架构对其功能的各个方面进行扩展，将我们的知识带入一个全新的水平。

第 9 章，管道秘诀，提供了许多示例，在这里我们修改了 Scrapy 的一些功能，在不会造成性能退化的情况下，将数据插入到数据库（比如 MySQL、Elasticsearch 及 Redis）、接口 API，以及遗留应用中。

第 10 章，理解 Scrapy 性能，将帮助我们理解 Scrapy 的时间是如何花费的，以及我们需要怎么做来提升其性能。

第 11 章，使用 Scrapyd 与实时分析进行分布式爬取，这是本书最后一章，展示了如何在多台服务器中使用 Scrapyd 实现横向扩展，以及如何将爬取得到的数据提供给 Apache Spark 服务器以执行数据流分析。

阅读本书的前提

为了使本书代码和内容的受众尽可能广泛，我们付出了大量的努力。我们希望提供涉及多服务器和数据库的有趣示例，不过我们并不希望你必须完全了解如何创建它们。我们使用了一个称为 Vagrant 的伟大技术，用于在你的计算机中自动下载和创建一次性的多服务器环境。我们的 Vagrant 配置在 Mac OS X 和 Windows 上时使用了虚拟机，而在 Linux 上则是原生运行。

对于 Windows 和 Mac OS X，你需要一个支持 Intel 或 AMD 虚拟化技术（VT-x 或 AMD-v）的 64 位计算机。大多数现代计算机都没有问题。对于大部分章节来说，你还需要专门为虚拟机准备 1GB 内存，不过在第 9 章和第 11 章中则需要 2GB 内存。附录 A 讲解了安装必要软件的所有细节。

Scrapy 本身对硬件和软件的需求更加有限。如果你是一位有经验的读者，并且不想使用 Vagrant，也可以根据第 3 章的内容在任何操作系统中安装 Scrapy，即使其内存十分有限。

当你成功创建 Vagrant 环境后，无需网络连接，就可以运行本书几乎全部示例了（第 4 章和第 6 章的示例除外）。是的，你可以在航班上阅读本书了。

本书读者

本书尝试着去适应广泛的读者群体。它可能适合如下人群：

- 需要源数据驱动应用的互联网创业者；

- 需要抽取数据进行分析或训练模型的数据科学家与机器学习从业者；

- 需要开发大规模爬虫基础架构的软件工程师；

- 想要为其下一个很酷的项目在树莓派上运行 Scrapy 的爱好者。

就必备知识而言，阅读本书只需要用到很少的部分。在最开始的几章中，本书为那些几乎没有爬虫经验的读者提供了网络技术和爬虫的基础知识。Python 易于阅读，对于有其他编程语言基本经验的任何读者来说，与爬虫相关的章节中给出的大部分代码都很易于理解。

坦率地说，我相信如果一个人在心中有一个项目，并且想使用 Scrapy 的话，他就能够修改本书中的示例代码，并在几个小时之内良好地运行起来，即使这个人之前没有爬虫、Scrapy 或 Python 经验。

在本书的后半部分中，我们将变得更加依赖于 Python，此时初学者可能希望在进一步研究之前，先让自己用几个星期的时间丰富 Scrapy 的基础经验。此时，更有经验的 Python/Scrapy 开发者将学习使用 Twisted 进行事件驱动的 Python 开发，以及非常有趣的 Scrapy 内部知识。在性能章节，一些数学知识可能会有用处，不过即使没有，大多数图表也能给我们清晰的感受。

目录

第 1 章
Scrapy 简介

欢迎来到你的 Scrapy 之旅。通过本书，我们旨在将你从一个只有很少经验甚至没有经验的 Scrapy 初学者，打造成拥有信心使用这个强大的框架从网络或者其他源爬取大数据集的 Scrapy 专家。本章将介绍 Scrapy，并且告诉你一些可以用它实现的很棒的事情。

1.1 初识 Scrapy

Scrapy 是一个健壮的网络框架，它可以从各种数据源中抓取数据。作为一个普通的网络用户，你会发现自己经常需要从网站上获取数据，使用类似 Excel 的电子表格程序进行浏览（参见第 3 章），以便离线访问数据或者执行计算。而作为一个开发者，你需要经常整合多个数据源的数据，但又十分清楚获得和抽取数据的复杂性。无论难易，Scrapy 都可以帮助你完成数据抽取的行动。

以健壮而又有效的方式抽取大量数据，Scrapy 已经拥有了多年经验。使用 Scrapy，你只需一个简单的设置，就能完成其他爬虫框架中需要很多类、插件和配置项才能完成的工作。快速浏览第 7 章，你就能体会到通过简单的几行配置，Scrapy 可以实现多少功能。

从开发者的角度来说，你也会十分欣赏 Scrapy 的基于事件的架构（我们将在第 8 章和第 9 章中对其进行深入探讨）。它允许我们将数据清洗、格式化、装饰以及将这些数据存储到数据库中等操作级联起来，只要我们操作得当，性能降低就会很小。在本书中，你将学会怎样可以达到这一目的。从技术上讲，由于 Scrapy 是基于事件的，这就能够让我们在拥有上千个打开的连接时，可以通过平稳的操作拆分吞吐量的延迟。来看这样一个极端的例子，假设你需要从一个拥有汇总页的网站中抽取房源，其中每个汇总页包含 100 个房源。Scrapy 可以非常轻松地在该网站中并行执行 16 个请求，假设完成一个请求平均需要花费 1 秒钟的时间，你可以每秒爬取 16 个页面。如果将其与每页的房源数相乘，可以得出每秒将产生 1600 个房源。想象一下，如果每个房源都必须在大规模并行云存储当中执行一次写入，每次写入平均需要耗费 3 秒钟的时间（非常差的主意）。为了支持每秒 16 个请求的吞吐量，就需要我们并行运行 $1600 \times 3 = 4800$ 次写入请求（你将在第 9 章中看到很多这样有趣的计算）。对于一个传统的多线程应用而言，则需要转变为 4800 个线程，无论是对你，还是对操作系统来说，这都会是一个非常糟糕的体验。而在 Scrapy 的世界中，只要操作系统没有问题，4800 个并发请求就能够处理。此外，Scrapy 的内存需求和你需要的房源数据量很接近，而对于多线程应用而言，则需要为每个线程增加与房源大小相比十分明显的开销。

简而言之，缓慢或不可预测的网站、数据库或远程 API 都不会对 Scrapy 的性能产生毁灭性的结果，因为你可以并行运行多个请求，并通过单一线程来管理它们。这意味着更低的主机托管费用，与其他应用的协作机会，以及相比于传统多线程应用而言更简单的代码（无同步需求）。

1.2　喜欢 Scrapy 的更多理由

Scrapy 已经拥有超过 5 年的历史了，成熟而又稳定。除了上一节中提到的性能优势外，还有下面这些能够让你爱上 Scrapy 的理由。

● Scrapy 能够识别残缺的 HTML

你可以在 Scrapy 中直接使用 Beautiful Soup 或 lxml，不过 Scrapy 还提供了一种在 lxml 之上更高级的 XPath（主要）接口——**selectors**。它能够更高效地处理残缺的 HTML 代码和混乱的编码。

● 社区

Scrapy 拥有一个充满活力的社区。只需要看看 `https://groups.google.com/forum/#!forum/scrapy-users` 上的邮件列表，以及 Stack Overflow 网站（`http://stackoverflow.com/questions/tagged/ scrapy`）中的上千个问题就可以知道了。大部分问题都能够在几分钟内得到回应。更多社区资源可以从 `http://scrapy.org/community/` 中获取到。

● 社区维护的组织良好的代码

Scrapy 要求以一种标准方式组织你的代码。你只需编写被称为爬虫和管道的少量 Python 模块，并且还会自动从引擎自身获取到未来的任何改进。如果你在网上搜索，可以发现有相当多专业人士拥有 Scrapy 经验。也就是说，你可以很容易地找到人来维护或扩展你的代码。无论是谁加入你的团队，都不需要漫长的学习曲线，来理解你的自定义爬虫中的特别之处。

● 越来越多的高质量功能

如果你快速浏览发布日志（`http://doc.scrapy.org/en/latest/ news.html`），就会注意到无论是在功能上，还是在稳定性/bug 修复上，Scrapy 都在不断地成长。

1.3 关于本书：目标和用途

在本书中，我们的目标是通过重点示例和真实数据集教你使用 Scrapy。大部分章节将专注于爬取一个示例的房屋租赁网站。我们选择这个例子，是因为它能够代表大多数的网站爬取项目，既能让我们介绍感兴趣的变动，又不失简单。以该示例为主题，可以帮助我们聚焦于 Scrapy，而不会分心。

我们将从只运行几百个页面的小爬虫开始，最终在第 11 章中使用几分钟的时间，将其扩展为能够处理 5 万个页面的分布式爬虫。在这个过程中，我们将向你介绍如何将 Scrapy 与 MySQL、Redis 和 Elasticsearch 等服务相连接，使用 Google 的地理编码 API 找到我们示例属性中的位置坐标，以及向 Apache Spark 提供数据用于预测最影响房价的关键词。

　　你需要做好阅读本书多次的准备。你可能需要从略读开始，先理解其架构。然后阅读一到两章，仔细学习、实验一段时间，再进入后面的章节。如果你觉得自己已经熟悉了某一章的内容，那么跳过这一章也无需担心。尤其是如果你已经了解 HTML 和 XPath，那么就没有必要花费太多时间在第 2 章上面了。不用担心，对你来说本书还有很多需要学习的内容。一些章节，比如第 8 章，将参考书和教程的元素结合起来，深入编程概念。这就是一个例子，我们可能会阅读某一章几次，在这中间允许我们有几个星期的时间实践 Scrapy。你在继续阅读后续的章节，比如以应用为主的第 9 章之前，不需要完美掌握第 8 章中的内容。阅读后续的内容，有助于你理解如何使用编程概念，如果你愿意的话，可以回过头来反复阅读几次。

　　为使本书既有趣，又对初学者友好，我们已经试图做了平衡。不过我们不会做的一件事情是，在本书中教授 Python。对于这一主题，目前已经有了很多优秀的书籍，不过我更加建议的是以一种轻松的心态来学习。Python 如此流行的一个理由是因为它比较简单、整洁，并且阅读起来更近似于英文。Scrapy 是一个高级框架，无论是初学者还是专家，都需要学习。你可以将其称之为"Scrapy 语言"。因此，我会推荐你通过材料来学习 Python，如果你发觉自己对于 Python 的语法比较迷惑，那么可以通过一些 Python 的在线教程或 Coursera 等为 Python 初学者开设的免费在线课程予以补充。请放心，即使你不是 Python 专家，也能够成为一名优秀的 Scrapy 开发者。

1.4　掌握自动化数据爬取的重要性

　　对于大多数人来说，掌握一门像 Scrapy 这样很酷的技术所带来的好奇心和精神上的满足，足以激励我们。令人惊喜的是，在学习这个优秀框架的同时，我们还能享受到开发过程始于数据和社区，而不是代码所带来的好处。

1.4.1　开发健壮且高质量的应用，并提供合理规划

　　为了开发现代化的高质量应用，我们需要真实的大数据集，如果可能的话，在开始

动手写代码之前就应该进行这一步。现代化软件开发就是实时处理大量不完善数据，并从中提取出知识和有价值的情报。当我们开发软件并应用于大数据集时，一些小的错误和疏忽难以被检测出来，就有可能导致昂贵的错误决策。比如，在做人口统计学研究时，很容易发生仅仅是由于州名过长导致数据被默认丢弃，造成整个州的数据被忽视的错误。在开发阶段，甚至更早的设计探索阶段，通过细心抓取，并使用具有生产质量的真实世界大数据集，可以帮助我们发现和修复错误，做出明智的工程决策。

另外一个例子是，假设你想要设计 Amazon 风格的"如果你喜欢这个商品，也可能喜欢那个商品"的推荐系统。如果你能够在开始之前，先爬取并收集真实世界的数据集，就会很快意识到有关无效条目、停产商品、重复、无效字符以及偏态分布引起的性能瓶颈等问题。这些数据将会强迫你设计足够健壮的算法，无论是数千人购买过的商品，还是零销售量的新条目，都能够很好地处理。而孤立的软件开发，可能会在几个星期的开发之后，也要面对这些丑陋的真实世界数据。虽然这两种方法最终可能会收敛，但是为你提供进度预估承诺的能力以及软件的质量，都将随着项目进展而产生显著差别。从数据开始，能够带给我们更加愉悦并且可预测的软件开发体验。

1.4.2　快速开发高质量最小可行产品

对于初创公司而言，大规模真实数据的集甚至更加必要。你可能听说过"精益创业"，这是由 *Eric Ries* 创造的一个术语，用于描述类似技术初创公司这样极端不确定条件下的业务发展过程。该框架的一个关键概念是最小可行产品（**Minimum Viable Product，MVP**），这种产品只有有限的功能，可以被快速开发并向有限的客户发布，用于测试反响及验证业务假设。基于获得的反馈，初创公司可能会选择继续更进一步的投资，也可能是转向其他更有前景的方向。

在该过程中的某些方面，很容易忽视与数据紧密连接的问题，这正是 Scrapy 所能为我们做的部分。比如，当邀请潜在的客户尝试使用我们的手机应用时，作为开发者或企业主，会要求他们评判这些功能，想象应用在完成时看起来应该如何。对于这些并非专家的人而言，这里需要的想象有可能太多了。这个差距相当于一个应用只展示了"产品 1"、"产品 2"、"用户 433"，而另一个应用提供了"三星 UN55J6200 55 英寸电视机"、用户"Richard S"给出了五星好评以及能够让你直达产品详情页面（尽管事实上我们还没有写这个页面）的有效链接等诸多信息。人们很难客观判断一个 MVP 产品的功能性，除非使用了真实且令人兴奋的数据。

　　一些初创企业将数据作为事后考虑的原因之一是认为收集这些数据需要昂贵的代价。的确，我们通常需要开发表单及管理界面，并花费时间录入数据，但我们也可以在编写代码之前使用 Scrapy 爬取一些网站。在第 4 章中，你可以看到一旦拥有了数据，开发一个简单的手机应用会有多么容易。

1.4.3　Google 不会使用表单，爬取才能扩大规模

　　当谈及表单时，让我们来看下它是如何影响产品增长的。想象一下，如果 Google 的创始人在创建其引擎的第一个版本时，包含了一个每名网站管理员都需要填写的表单，要求他们把网站中每一页的文字都复制粘贴过来。然后，他们需要接受许可协议，允许 Google 处理、存储和展示他们的内容，并剔除大部分广告利润。你能想象解释该想法并说服人们参与这一过程所需花费的时间和精力会有多大吗？即使市场非常渴望一个优秀的搜索引擎（事实正是如此），这个引擎也不会是 Google，因为它的增长过于缓慢。即使是最复杂的算法，也不能弥补数据的缺失。Google 使用网络爬虫技术，在页面间跳转链接，填充其庞大的数据库。网站管理员则不需要做任何事情。实际上，反而还需要一些努力才能阻止 Google 索引你的页面。

　　虽然 Google 使用表单的想法听起来有些荒谬，但是一个典型的网站需要用户填写多少表单呢？登录表单、新房源表单、结账表单，等等。这些表单中有多少会阻碍应用增长呢？如果你充分了解你的受众/客户，很可能已经拥有关于他们通常使用并且很可能已经有账号的其他网站的线索了。比如，一个开发者很可能拥有 Stack Overflow 和 GitHub 的账号。那么，在获得他们允许的情况下，你是否能够抓取这些站点，只需他们提供给你用户名，就能自动填充照片、简介和一小部分近期文章呢？你能否对他们最感兴趣的一些文章进行快速文本分析，并根据其调整网站的导航结构，以及建议的产品和服务呢？我希望你能够看到如何使用自动化数据抓取替代表单，从而更好地服务你的受众，增长网站规模。

1.4.4　发现并融入你的生态系统

抓取数据自然会让你发现并考虑与你付出相关的社区的关系。当你抓取一个数据源时，很自然地就会产生一些问题：我是否相信他们的数据？我是否相信获取数据的公司？我是否需要和他们沟通以获得更正式的合作？我和他们是竞争关系还是合作关系？从其他源获得这些数据会花费我多少钱？无论如何，这些商业风险都是存在的，不过抓取过程可以帮助我们尽早意识到这些风险，并制定出缓解策略。

你还会发现自己想知道能够为这些网站和社区带来的回馈是什么。如果你能够给他们带来免费的流量，他们应该会很高兴。另一方面，如果你的应用不能给你的数据源带来一些价值，那么你们的关系可能会很短暂，除非你与他们沟通，并找到合作的方式。通过从不同源获取数据，你需要准备好开发对现有生态系统更友好的产品，充分尊重已有的市场参与者，只有在值得努力时才可以去破坏当前的市场秩序。现有的参与者也可能会帮助你成长得更快，比如你有一个应用，使用两到三个不同生态系统的数据，每个生态系统有 10 万个用户，你的服务可能最终将这 30 万个用户以一种创造性的方式连接起来，从而使每个生态系统都获益。例如，你成立了一个初创公司，将摇滚乐与 T 恤印花社区关联起来，你的公司最终将成为两种生态系统的融合，你和相应的社区都将从中获益并得以成长。

1.5　在充满爬虫的世界里做一个好公民

当开发爬虫时，还有一些事情需要清楚。不负责任的网络爬虫会令人不悦，甚至在某些情况下是违法的。有两个非常重要的事情是避免类似**拒绝服务（DoS）**攻击的行为以及侵犯版权。

对于第一种情况，一个典型的访问者可能每几秒访问一个新的页面。而一个典型的网络爬虫则可能每秒下载数十个页面。这样就比典型用户产生的流量多出了 10 倍以上。这可能会使网站所有者非常不高兴。请使用流量限速将你产生的流量减少到可以接受的普通用户的水平。此外，还应该监控响应时间，如果发现响应时间增加了，就需要降低爬虫的强度。好消息是 Scrapy 对于这些功能都提供了开箱即用的实现（参见第 7 章）。

对于版权问题，显然你需要看一下你抓取的每个网站的版权声明，并确保你理解其允许做什么，不允许做什么。大多数网站都允许你处理其站点的信息，只要不以自己的名义重新发布即可。在你的请求中，有一个很好的 User-Agent 字段，它可以让网站管理员知道你是谁，你用他们的数据做什么。Scrapy 在制造请求时，默认使用 BOT_NAME 参数作为 User-Agent。如果 User-Agent 是一个 URL 或者能够指明你的应用名称，那么网站管理员可以通过访问你的站点，更多地了解你是如何使用他们的数据的。另一个非常重要的方面是，请允许任何网站管理员阻止你访问其网站的指定区域。对于基于 Web 标准的 robots.txt 文件（参见 http://www.google.com/robots.txt 的文件示例），Scrapy 提供了用于尊重网站管理员设置的功能（RobotsTxtMiddleware）。最后，最好向网站管理员提供一些方法，让他们能说明不希望在你的爬虫中出现的东西。至少网站管理员必须能够很容易地找到和你交流及表达顾虑的方式。

1.6　Scrapy 不是什么

最后，很容易误解 Scrapy 可以为你做什么，主要是因为数据抓取这个术语与其相关术语有些模糊，很多术语是交替使用的。我将尝试使这些方面更加清楚，以防止混淆，为你节省一些时间。

Scrapy 不是 Apache Nutch，也就是说，它不是一个通用的网络爬虫。如果 Scrapy 访问一个一无所知的网站，它将无法做出任何有意义的事情。Scrapy 是用于提取结构化信息的，需要人工介入，设置合适的 XPath 或 CSS 表达式。而 Apache Nutch 则是获取通用页面并从中提取信息，比如关键字。它可能更适合于一些应用，但对另一些应用则又更不适合。

Scrapy 不是 Apache Solr、Elasticsearch 或 Lucene，换句话说，就是它与搜索引擎无关。Scrapy 并不打算为你提供包含"Einstein"或其他单词的文档的参考。你可以使用 Scrapy 抽取数据，然后将其插入到 Solr 或 Elasticsearch 当中，我们会在第 9 章的开始部分讲解这一做法，不过这仅仅是使用 Scrapy 的一个方法，而不是嵌入在 Scrapy 内的功能。

最后，Scrapy 不是类似 MySQL、MongoDB 或 Redis 的数据库。它既不存储数据，也不索引数据。它只用于抽取数据。即便如此，你可能会将 Scrapy 抽取得到的数据插入到数据库当中，而且它对很多数据库也都有所支持，能够让你的生活更加轻松。然而 Scrapy 终究不是一个数据库，其输出也可以很容易地更改为只是磁盘中的文件，甚至什么都不输出——虽然我不确定这有什么用。

1.7　本章小结

本章介绍了 Scrapy，给出了它能够帮你做什么的概述，并描述了我们认为的使用本书的正确方式。本章还提供了几种自动化数据抓取的方式，通过帮你快速开发能够与现有生态系统更好融合的高质量应用而获益。下一章将介绍 HTML 和 XPath，这是两个非常重要的 Web 语言，我们在每个 Scrapy 项目中都将用到它们。

用上，Scrapy 4 个实例同 MySQL、MongoDB 和 Redis 上的文件进行了连接，你可以在第 9 章以及第 11 章看到相应内容。再加上附加技巧，即如何使用 Scrapy 的中间件和数据管道来为你自定义爬虫，那么 Scrapy 将会作为一个结构优异、可扩展并且配置广泛的爬取框架呈现给你。后面几章中我们将深入研究它的特性，但是本章中，我们还是主要讨论 Scrapy 的安装以及使用它实现令人惊叹的应用（尽管只是一些爬虫方面的基础应用，但已经足够让人振奋了）。

1.7 本章小结

本章向你介绍了 Scrapy，给出了它能够帮你完成的任务概述，并描述了我们认为使用这本书能够学到的东西。你现在已经完成了一系列的准备工作，有了一个能够独立运行的环境，并可以通过一个示例了解如何使用 Scrapy 完成基本操作。最重要的是，你获得了一张全局视图，随着本书的阅读，你将会在脑海中逐渐完善它。

第 2 章
理解 HTML 和 XPath

为了从网页中抽取信息，你必须对其结构有更多了解。我们将快速浏览 HTML、HTML 的树状表示，以及在网页上选取信息的一种方式 XPath。

2.1 HTML、DOM 树表示以及 XPath

让我们花费一些时间来了解从用户在浏览器中输入 URL（或者更常见的是，在其单击链接或书签时）到屏幕上显示出页面的过程。从本书的视角来看，该过程包含 4 个步骤，如图 2.1 所示。

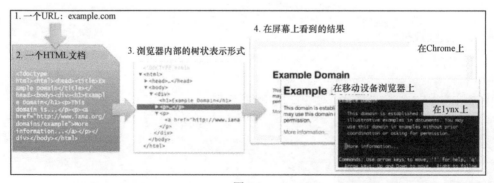

图 2.1

● 在浏览器中输入 URL。URL 的第一部分（域名，比如 gumtree.com）用于在网络上找到合适的服务器，而 URL 以及 cookie 等其他数据则构成了一个请求，用于发送到那台服务器当中。

● 服务端回应，向浏览器发送一个 HTML 页面。需要注意的是，服务端也可能返回其他格式，比如 XML 或 JSON，不过目前我们只关注 HTML。

● 将 HTML 转换为浏览器内部的树状表示形式：**文档对象模型**（**Document Object Model，DOM**）。

● 基于一些布局规则渲染内部表示，达到你在屏幕上看到的视觉效果。

下面来看看这些步骤，以及它们所需的文档表示。这将有助于定位你想要抓取并编写程序获取的文本。

2.1.1 URL

对于我们而言，URL 分为两个主要部分。第一个部分通过**域名系统**（**Domain Name System，DNS**）帮助我们在网络上定位合适的服务器。比如，当在浏览器中发送 `https://mail.google.com/mail/u/0/#inbox` 时，将会创建一个对 `mail.google.com` 的 DNS 请求，用于确定合适的服务器 IP 地址，如 `173.194.71.83`。从本质上来看，`https://mail.google.com/mail/u/0/#inbox` 被翻译为 `https://173.194.71.83/mail/u/0/#inbox`。

URL 的剩余部分对于服务端理解请求是什么非常重要。它可能是一张图片、一个文档，或是需要触发某个动作的东西，比如向服务器发送邮件。

2.1.2 HTML 文档

服务端读取 URL，理解我们的请求是什么，然后回应一个 HTML 文档。该文档实质上就是一个文本文件，我们可以使用 TextMate、Notepad、vi 或 Emacs 打开它。和大多数文本文档不同，HTML 文档具有由万维网联盟指定的格式。该规范当然已经超出了本书的范畴，不过还是让我们看一个简单的 HTML 页面。当访问 `http://example.com` 时，可以在浏览器中选择 **View Page Source**（查看页面源代码）以看到与其相关的 HTML 文件。在不同的浏览器中，具体的过程是不同的；在许多系统中，可以通过右键单击找到该选项，并且大部分浏览器在你按下 *Ctrl* + *U* 快捷键（或 Mac 系统中的 *Cmd* + *U*）时可以显示源代码。

> 在一些页面中，该功能可能无法使用。此时，需要通过单击 Chrome 菜单，然后选择 **Tools** | **View Source** 才可以。

下面是 http://example.com 目前的 HTML 源代码。

```
<!doctype html>
<html>
   <head>
      <title>Example Domain</title>
      <meta charset="utf-8" />
      <meta http-equiv="Content-type"
            content="text/html; charset=utf-8" />
      <meta name="viewport" content="width=device-width,
            initial-scale=1" />
      <style type="text/css"> body { background-color: ...
            } }</style>
   <body>
      <div>
            <h1>Example Domain</h1>
            <p>This domain is established to be used for
               illustrative examples examples in documents.
               You may use this domain in examples without
               prior coordination or asking for permission.</p>
            <p><a href="http://www.iana.org/domains/example">
               More information...</a></p>
      </div>
   </body>
</html>
```

　　我将这个 HTML 文档进行了格式化，使其更具可读性，而你看到的情况可能是所有文本在同一行中。在 HTML 中，空格和换行在大多数情况下是无关紧要的。

　　尖括号中间的文本（比如<html>或<head>）被称为标签。<html>是起始标签，而</html>是结束标签。这两种标签的唯一区别是/字符。这说明，标签是成对出现的。虽然一些网页对于结束标签的使用比较粗心（比如，为独立的段落使用单一的<p>标签），但是浏览器有很好的容忍度，并且会尝试推测结束的</p>标签应该在哪里。

<p>和</p>标签中的所有东西被称为 HTML 元素。请注意，元素中可能还包括其他元素，比如示例中的<div>元素，或是包含<a>元素的第二个<p>元素。

有些标签会更加复杂，比如 <a href="http://www.iana.org/domains/example">。含有 URL 的 href 部分被称为属性。

最后，许多元素还包含文本，比如<h1>元素中的"Example Domain"。

对于我们来说，好消息是这些标签并不都是重要的。唯一可见的东西是 body 元素中的元素，即<body>和</body>标签之间的元素。<head>部分对于指明诸如字符编码的元信息来说非常重要，不过 Scrapy 能够处理大部分此类问题，所以很多情况下不需要关注 HTML 页面的这个部分。

2.1.3 树表示法

每个浏览器都有其自身复杂的内部数据结构，凭借它来渲染网页。DOM 表示法具有跨平台、语言无关性等特点，并且被大多数浏览器所支持。

想要在 Chrome 中查看网页的树表示法，可以右键单击你感兴趣的元素，然后选择 **Inspect Element**。如果该功能被禁用，你仍然可以通过单击 Chrome 菜单并选择 **Tools | Developer Tools** 来访问它，如图 2.2 所示。

图 2.2

此时，你可以看到一些看起来和 HTML 表示非常相似但又不完全相同的东西。它就是 HTML 代码的树表示法。如果不管原始 HTML 文档是如何使用空格和换行符的话，它看起来几乎就是一样的。你可以单击每个元素，检查或调整属性等，同时可以在屏幕上观察这些变动有何影响。比如，当你双击某个文本，修改它，并按下回车键时，屏幕上的文本将会更新为这个新值。在右侧的 **Properties** 标签下，可以看到这个树表示法的属性，并且在底部可以看到一个类似面包屑的结构，它显示出了当前选择的元素在 HTML 元素层次结构中的确切位置，如图 2.3 所示。

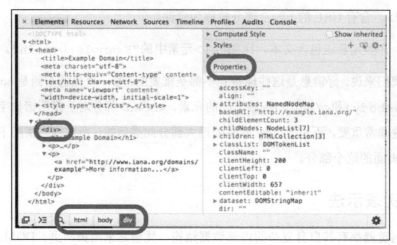

图 2.3

需要注意的一个重要事情是，HTML 只是文本，而树表示法是浏览器内存里的对象，你可以通过编程的方式查看并操纵它，比如在 Chrome 中使用 **Developer Tools**。

2.1.4　你会在屏幕上看到什么

HTML 文本表示和树表示并不包含任何像我们通常在屏幕上看到的那种漂亮视图。这实际上是 HTML 成功的原因之一。它应该是一个由人类阅读的文档，并且可以指定页面中的内容，而不是用于在屏幕中渲染的方式。这意味着选择 HTML 文档并使其更加好看是浏览器的责任，不管它是诸如 Chrome 的全功能浏览器、移动设备浏览器，甚至是诸如 Lynx 的纯文本浏览器。

也就是说，网络的发展促使 Web 开发者和用户对网页渲染的控制产生了巨大需求。CSS 的创建就是为了对 HTML 元素如何渲染给予提示。不过，对于抓取而言，我们并不需要任何和 CSS 相关的东西。

那么，树表示法是如何映射到我们在屏幕上所看到的东西呢？答案就是框模型。正如 DOM 树元素可以包含其他元素或文本一样，默认情况下，当在屏幕上渲染时，每个元素的框表示同样也都包含其嵌入元素的框表示。从这种意义上说，我们在屏幕上所看到的是原始 HTML 文档的二维表示——树结构也以一种隐藏的方式作为该表示的一部分。比如，在图 2.4 中，我们可以看到 3 个 DOM 元素（一个<div>和两个嵌入元素<h1>和<p>）是如何在浏览器和 DOM 中呈现的。

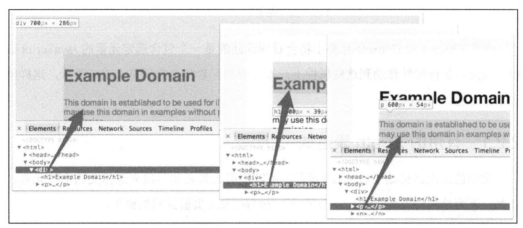

图 2.4

2.2　使用 XPath 选择 HTML 元素

如果你具有传统软件工程背景，并且不了解 XPath 相关知识的话，可能会担心为了访问 HTML 文档中的信息，你将需要做很多字符串匹配、在文档中搜索标签、处理特殊情况等工作，或是需要设法解析整个树表示法以获取你想抽取的东西。有一个好消息是这些工作都不是必需的。你可以通过一种称为 XPath 的语言选择并抽取元素、属性和文本，这种语言正是专门为此而设计的。

为了在 Google Chrome 浏览器中使用 XPath，需要单击 Developer Tools 的 Console 标签，并使用$x 工具函数。比如，你可以尝试在 `http://example.com/`上使用$x('//h1')。它将会把浏览器移动到<h1>元素上，如图 2.5 所示。

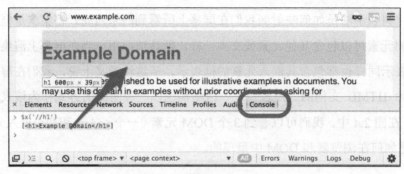

图 2.5

你在 Chrome 的 **Console** 标签中将会看到返回的是一个包含选定元素的 JavaScript 数组。如果将鼠标指针移动到这些属性上，被选取的元素将会在屏幕上高亮显示，这样就会十分方便。

2.2.1　有用的 XPath 表达式

文档的层次结构始于 `<html>` 元素，可以使用元素名和斜线来选择文档中的元素。比如，下面是几种表达式从 `http://example.com` 页面返回的结果。

```
$x('/html')
  [ <html>...</html> ]
$x('/html/body')
  [ <body>...</body> ]
$x('/html/body/div')
  [ <div>...</div> ]
$x('/html/body/div/h1')
  [ <h1>Example Domain</h1> ]
$x('/html/body/div/p')
  [ <p>...</p>, <p>...</p> ]
$x('/html/body/div/p[1]')
  [ <p>...</p> ]
$x('/html/body/div/p[2]')
  [ <p>...</p> ]
```

需要注意的是，因为在这个特定页面中，`<div>` 下包含两个 `<p>` 元素，因此 `html/body/div/p` 会返回两个元素。可以使用 `p[1]` 和 `p[2]` 分别访问第一个和第二个元素。

另外还需要注意的是，从抓取的角度来说，文档标题可能是 head 部分中我们唯一感兴趣的元素，该元素可以通过下面的表达式进行访问。

```
$x('//html/head/title')
  [ <title>Example Domain</title> ]
```

对于大型文档，可能需要编写一个非常大的 XPath 表达式以访问指定元素。为了避免这一问题，可以使用//语法，它可以让你取得某一特定类型的元素，而无需考虑其所在的层次结构。比如，//p 将会选择所有的 p 元素，而//a 则会选择所有的链接。

```
$x('//p')
  [ <p>...</p>, <p>...</p> ]
$x('//a')
  [ <a href="http://www.iana.org/domains/example">More
information...</a> ]
```

同样，//a 语法也可以在层次结构中的任何地方使用。比如，要想找到 div 元素下的所有链接，可以使用//div//a。需要注意的是，只使用单斜线的//div/a 将会得到一个空数组，这是因为在 example.com 中，'div'元素的直接下级中并没有任何'a'元素：

```
$x('//div//a')
  [ <a href="http://www.iana.org/domains/example">More
information...</a> ]
$x('//div/a')
  [ ]
```

还可以选择属性。http://example.com/中的唯一属性是链接中的 href，可以使用符号@来访问该属性，如下面的代码所示。

```
$x('//a/@href')
  [ href="http://www.iana.org/domains/example" ]
```

实际上，在 Chrome 的最新版本中，@href 不再返回 URL，而是返回一个空字符串。不过不用担心，你的 XPath 表达式仍然是正确的。

还可以通过使用 text()函数，只选取文本。

```
$x('//a/text()')
  [ "More information..." ]
```

可以使用*符号来选择指定层级的所有元素。比如：

```
$x('//div/*')
[ <h1>Example Domain</h1>, <p>...</p>, <p>...</p> ]
```

你将会发现选择包含指定属性（比如@class）或是属性为特定值的元素非常有用。可以使用更高级的谓词来选取元素，而不再是前面例子中使用过的 p[1] 和 p[2]。比如，//a[@href]可以用来选择包含 href 属性的链接，而//a[@href="http://www.iana.org/domains/example"]则是选择 href 属性为特定值的链接。

更加有用的是，它还拥有找到 href 属性中以一个特定子字符串起始或包含的能力。下面是几个例子。

```
$x('//a[@href]')
  [ <a href="http://www.iana.org/domains/example">More information...</a> ]
$x('//a[@href="http://www.iana.org/domains/example"]')
  [ <a href="http://www.iana.org/domains/example">More information...</a> ]
$x('//a[contains(@href, "iana")]')
  [ <a href="http://www.iana.org/domains/example">More information...</a> ]
$x('//a[starts-with(@href, "http://www.")]')
  [ <a href="http://www.iana.org/domains/example">More information...</a>]
$x('//a[not(contains(@href, "abc"))]')
  [ <a href="http://www.iana.org/domains/example">More information...</a>]
```

XPath 有很多像 not()、contains()和 starts-with()这样的函数，你可以在在线文档（http://www.w3schools.com/xsl/xsl_functions.asp）中找到它们，不过即使不使用这些函数，你也可以走得很远。

现在，我还要再多说一点，大家可以在 Scrapy 命令行中使用同样的 XPath 表达式。要打开一个页面并访问 Scrapy 命令行，只需要输入如下命令：

scrapy shell http://example.com

在命令行中，可以访问很多在编写爬虫代码时经常需要用到的变量（参见下一章）。这其中最重要的就是响应，对于 HTML 文档来说就是 HtmlResponse 类，该类可以让你通过 xpath()方法模拟 Chrome 中的$x。下面是一些示例。

```
response.xpath('/html').extract()
  [u'<html><head><title>...</body></html>']
response.xpath('/html/body/div/h1').extract()
```

```
  [u'<h1>Example Domain</h1>']
response.xpath('/html/body/div/p').extract()
  [u'<p>This domain ... permission.</p>', u'<p><a href="http://www.
iana.org/domains/example">More information...</a></p>']
response.xpath('//html/head/title').extract()
  [u'<title>Example Domain</title>']
response.xpath('//a').extract()
  [u'<a href="http://www.iana.org/domains/example">More
information...</a>']
response.xpath('//a/@href').extract()
  [u'http://www.iana.org/domains/example']
response.xpath('//a/text()').extract()
  [u'More information...']
response.xpath('//a[starts-with(@href, "http://www.")]').extract()
  [u'<a href="http://www.iana.org/domains/example">More
information...</a>']
```

这就意味着，你可以使用 Chrome 开发 XPath 表达式，然后在 Scrapy 爬虫中使用它们，正如我们在下一节中将要看到的那样。

2.2.2 使用 Chrome 获取 XPath 表达式

Chrome 通过向我们提供一些基本的 XPath 表达式，从而对开发者更加友好。从前文提到的检查元素开始：右键单击想要选取的元素，然后选择 **Inspect Element**。该操作将会打开 **Developer Tools**，并且在树表示法中高亮显示这个 HTML 元素。现在右键单击这里，在菜单中选择 **Copy XPath**，此时 XPath 表达式将会被复制到剪贴板中。上述过程如图 2.6 所示。

图 2.6

你可以和之前一样，在命令行中测试该表达式。

```
$x('/html/body/div/p[2]/a')
  [ <a href="http://www.iana.org/domains/example">More
information...</a>]
```

2.2.3 常见任务示例

有一些 XPath 表达式，你将会经常遇到。让我们看一些目前在维基百科页面上的例子。维基百科拥有一套非常稳定的格式，所以我认为它们不会很快发生改变，不过改变终究还是会发生的。我们把如下这些表达式作为说明性示例。

- 获取 id 为"firstHeading"的 h1 标签下 span 中的 text。

  //h1[@id="firstHeading"]/span/text()

- 获取 id 为"toc"的 div 标签内的无序列表（ul）中所有链接的 URL。

  //div[@id="toc"]/ul//a/@href

- 获取 class 属性包含"ltr"以及 class 属性包含"skin-vector"的任意元素内所有标题元素（h1）中的文本。这两个字符串可能在同一个 class 中，也可能在不同的 class 中。

  //*[contains(@class,"ltr") and contains(@class,"skin-vector")]//h1//text()

实际上，你将会经常在 XPath 表达式中使用到类。在这些情况下，需要记住由于一些被称为 CSS 的样式元素，你会经常看到 HTML 元素在其 class 属性中拥有多个类。比如，在一个导航系统中，你会看到一些 div 标签的 class 属性是"link"，而另一些是"link active"。后者是当前激活的链接，因此会表现为可见或使用一种特殊的颜色（通过 CSS）高亮表示。当抓取时，你通常会对包含有特定类的元素感兴趣，具体来说，就是前面例子中的"link"和"link active"。对于这种情况，XPath 的 contains() 函数可以让你选择包含有指定类的所有元素。

- 选择 class 属性值为"infobox"的表格中第一张图片的 URL。

  //table[@class="infobox"]//img[1]/@src

- 选择 class 属性以"reflist"开头的 div 标签中所有链接的 URL。

```
//div[starts-with(@class,"reflist")]//a/@href
```

● 选择子元素包含文本"References"的元素之后的 div 元素中所有链接的 URL。

```
//*[text()="References"]/../following-sibling::div//a
```

请注意该表达式非常脆弱并且很容易无法使用，因为它对文档结构做了过多假设。

● 获取页面中每张图片的 URL。

```
//img/@src
```

2.2.4 预见变化

抓取时经常会指向我们无法控制的服务器页面。这就意味着如果它们的 HTML 以某种方式发生变化后，就会使 XPath 表达式失效，我们将不得不回到爬虫当中进行修正。通常情况下，这不会花费很长时间，因为这些变化一般都很小。但是，这仍然是需要避免发生的情况。一些简单的规则可以帮助我们减少表达式失效的可能性。

● 避免使用数组索引（数值）

Chrome 经常会给你的表达式中包含大量常数，例如：

```
//*[@id="myid"]/div/div/div[1]/div[2]/div/div[1]/div[1]/a/img
```

这种方式非常脆弱，因为如果像广告块这样的东西在层次结构中的某个地方添加了一个额外的 div 的话，这些数字最终将会指向不同的元素。本案例的解决方法是尽可能接近目标的 img 标签，找到一个可以使用的包含 id 或者 class 属性的元素，如：

```
//div[@class="thumbnail"]/a/img
```

● 类并没有那么好用

使用 class 属性可以更加容易地精确定位元素，不过这些属性一般是用于通过 CSS 影响页面外观的，因此可能会由于网站布局的微小变更而产生变化。例如下面的 class：

```
//div[@class="thumbnail"]/a/img
```

一段时间后，可能会变成：

```
//div[@class="preview green"]/a/img
```

● 有意义的面向数据的类要比具体的或者面向布局的类更好

在前面的例子中，无论是"thumbnail"还是"green"都是我们所依赖类名的坏示例。虽然"thumbnail"比"green"确实更好一些，但是它们都不如"departure-time"。前面两个类名是用于描述布局的，而"departure-time"更加有意义，与 div 标签中的内容相关。因此，在布局发生变化时，后者更可能保持有效。这可能也意味着该站的开发者非常清楚使用有意义并且一致的方式标注他们数据的好处。

● ID 通常是最可靠的

通常情况下，id 属性是针对一个目标的最佳选择，因为该属性既有意义又与数据相关。部分原因是 JavaScript 以及外部链接锚一般选择 id 属性以引用文档中的特定部分。例如，下面的 XPath 表达式非常健壮。

```
//*[@id="more_info"]//text()
```

例外情况是以编程方式生成的包含唯一标记的 ID。这种情况对于抓取毫无意义。比如：

```
//[@id="order-F4982322"]
```

尽管使用了 id，但上面的表达式仍然是一个非常差的 XPath 表达式。需要记住的是，尽管 ID 应该是唯一的，但是你仍然会发现很多 HTML 文档并没有满足这一要求。

2.3　本章小结

由于标记的质量不断提高，现在可以更加容易地创建健壮的 XPath 表达式，来抽取 HTML 文档中的数据。在本章中，你学习了 HTML 文档和 XPath 表达式的基础知识。你可以看到如何使用 Google 的 Chrome 浏览器自动获取一些 XPath 表达式，并将其作为我们后续优化的起点。你同样还学到了如何通过审查 HTML 文档，直接创建这些表达式，以及辨别 XPath 表达式是否健壮。现在，我们准备好运用已经学到的所有知识，在第 3 章中使用 Scrapy 编写我们的前几个爬虫。

第 3 章
爬虫基础

这是非常重要的一章，你可能会多次阅读本章，并且经常会在寻找解决方案时回到本章中。我们首先会介绍如何安装 Scrapy，然后伴随若干示例及不同的实现，转向开发 Scrapy 爬虫的方法论。在开始之前，我们先来看一些重要的概念。

由于我们会快速进入有趣的代码部分，因此使用本书中代码片段的能力非常重要。当你看到如下内容时：

```
$ echo hello world
hello world
```

表示你在终端输入了 echo hello word（忽略美元符号），接下来的一行或几行就是你在终端上面看到的输出。

 我们将会混用"终端"、"控制台"和"命令行"这几个术语，它们在本书的背景下没有太大区别。请用 Google 搜索并找出如何启动你所使用的平台（Windows、OS X 或其他）中的控制台。你也可以在附录 A 中找到详细的指引。

当你看到如下内容时：

```
>>> print 'hi'
hi
```

表示你在 Python 或 Scrapy 的 shell 提示符中输入了 print 'hi'（忽略>>>）。同样地，接下来的一行或几行就是你在终端上面看到的该命令的输出。

在本书中，你还需要编辑文件。你所使用的工具很大程度上依赖于你的环境。如果你使用 Vagrant（强烈推荐），可以使用电脑或笔记本中诸如 Notepad、Notepad++、Sublime Text、TextMate、Eclipse 或 PyCharm 等编辑器。如果你有更多的 Linux 或 UNIX 使用经验，也可能更喜欢直接使用 Vim 或 Emacs 在控制台中编辑文件。这两种编辑器都很强大，不过需要一定的学习曲线。如果你是一个初学者，并且不得不在控制台中编辑某些东西，那么也可以尝试对初学者更加友好的 nano 编辑器。

3.1　安装 Scrapy

Scrapy 的安装相对来说比较简单，不过它会完全依赖于你从哪里起步。为了能够支持尽可能多的用户，本书中运行和安装 Scrapy 以及所有示例的"官方"方式是通过 Vagrant，该软件能够让你在不考虑宿主操作系统的情况下，运行一个标准的 Linux 系统，在该系统中我们已经安装好所有需要用到的工具。我们将会在接下来的几小节中给出 Vagrant 的使用说明以及一些常用操作系统中的指引。

3.1.1　MacOS

为了更加方便地阅读本书，请按照后面给出的 Vagrant 使用说明操作。如果你想直接在 MacOS 系统中安装 Scrapy，其实也很简单。只需要输入下面的命令即可。

```
$ easy_install scrapy
```

然后，一切都会为你准备好。在过程中，可能会要求你填写密码或安装 Xcode，如图 3.1 所示。这些都没有问题，你可以放心地接受这些请求。

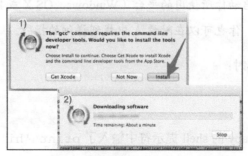

图 3.1

3.1.2 Windows

直接在 Windows 系统中安装 Scrapy 会复杂一些，坦白来说，会有一点痛苦。而且，安装本书中所需的所有软件也需要很大程度的勇气和决心。我们已经为你做好了准备。Vagrant 和 Virtualbox 可以在 Windows 64 位平台中良好运行。直接前往本章后续的相关小节，你可以很快将其安装好并运行起来。如果你必须要在 Windows 系统中直接安装 Scrapy，请查阅本书网站（`http://scrapybook.com`）中的资源。

3.1.3 Linux

和前面提及的两个操作系统一样，如果你想按照本书操作，那么 Vagrant 就是最为推荐的方式。

由于在很多场景下，你需要在 Linux 服务器中安装 Scrapy，因此更详尽的指引可能会很有用。

 确切的依赖条件经常会发生变更。本书编写时，我们安装的 Scrapy 版本是 1.0.3，下面的内容是针对不同主流系统的操作指南。

1．Ubuntu 或 Debian Linux

为了在 Ubuntu（使用 Ubuntu 14.04 Trust Tahr 64 位版本测试）或其他使用 `apt` 的发布版本中安装 Scrapy，需要执行如下 3 个命令。

```
$ sudo apt-get update
```

```
$ sudo apt-get install python-pip python-lxml python-crypto python-
cssselect python-openssl python-w3lib python-twisted python-dev libxml2-
dev libxslt1-dev zlib1g-dev libffi-dev libssl-dev
```

```
$ sudo pip install scrapy
```

上述过程需要一些编译工作，而且可能会被不时打断，不过它将会为你安装 PyPI

源上最新版本的 Scrapy。如果你想避免某些编译工作，并且能够忍受使用稍微过时一些的版本的话，可以通过 Google 搜索"install Scrapy Ubuntu packages"，并跟随 Scrapy 官方文档的指引进行操作。

2. Red Hat 或 CentOS Linux

在 Red Hat 或其他使用 yum 的发布版本中安装 Scrapy 相对来说比较容易。你只需按照如下 3 行操作即可。

```
sudo yum update
sudo yum -y install libxslt-devel pyOpenSSL python-lxml python-devel gcc
sudo easy_install scrapy
```

3.1.4　最新源码安装

只要你按照上述指引操作的话，就已经安装好了 Scrapy 目前所需的所有依赖。由于 Scrapy 是纯 Python 应用，因此如果你想修改其源代码或测试最新功能，可以很容易地从 `https://github.com/scrapy/scrapy` 网站中克隆其最新版本。在你的系统中安装 Scrapy，只需输入如下命令。

```
$ git clone https://github.com/scrapy/scrapy.git
$ cd scrapy
$ python setup.py install
```

我猜如果你属于这类 Scrapy 用户，也就不需要我再提及 `virtualenv` 了。

3.1.5　升级 Scrapy

Scrapy 经常会升级。你会发现自己需要在很短时间内完成升级，此时可以使用 pip、`easy_install` 或 aptitude 完成这项工作。

```
$ sudo pip install --upgrade Scrapy
```
或
```
$ sudo easy_install --upgrade scrapy
```

如果想降级或选择特定版本，可以通过指定版本号来完成，比如：

```
$ sudo pip install Scrapy==1.0.0
```

或

```
$ sudo easy_install scrapy==1.0.0
```

3.1.6 Vagrant：本书中运行示例的官方方式

本书中会有很多复杂但又有趣的例子，其中一些例子会用到很多服务。无论是处于初学还是进阶阶段，都可以运行本书中的这些示例，这是因为被称为 Vagrant 的程序可以让我们仅仅使用简单的命令就能准备好这个复杂的系统。本书中使用的系统如图 3.2 所示。

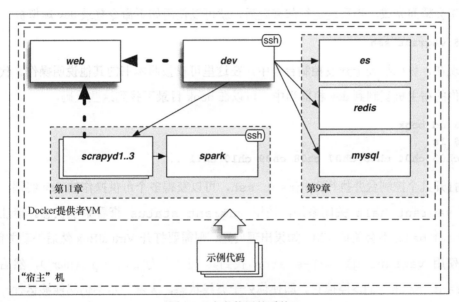

图 3.2　本书使用的系统

在 Vagrant 的术语中，你的电脑或笔记本被称为"宿主"机。Vagrant 使用宿主机运行 Docker 提供者 VM（虚拟机）。这些技术可以让我们拥有一个隔离的系统，在其中拥有其私有网络，可以忽略宿主机的软硬件，运行本书中的示例。

大部分章节只使用了两个服务："dev"机器和"web"机器。我们登录到 dev 机器中运行爬虫，抓取 web 机器中的页面。后面的一些章节会用到更多的服务，包括数据库和大数据处理引擎。

请按照附录 A 的说明，在操作系统中安装 Vagrant。到附录 A 的结尾时，你应当已经在操作系统中安装好 git 和 Vagrant 了。打开控制台/终端/命令提示符，现在可以按照如下操作获取本书的代码了。

```
$ git clone https://github.com/scalingexcellence/scrapybook.git
$ cd scrapybook
```

然后可以通过输入如下命令打开 Vagrant 系统。

```
$ vagrant up --no-parallel
```

在首次运行时将会花费一些时间，这取决于你的网络连接状况。在这之后，'vagrant up' 操作将会瞬间完成。当系统运行起来之后，就可以使用如下命令登录 dev 虚拟机。

```
$ vagrant ssh
```

现在，你已经处于开发控制台当中，在这里可以按照本书的其他说明操作。代码已经从你的宿主机复制到 dev 机器当中，可以在 book 目录下找到这些代码。

```
$ cd book
$ ls
ch03 ch04 ch05 ch07 ch08 ch09 ch10 ch11 ...
```

打开几个控制台并执行 vagrant ssh，可以获得多个可供操作的 dev 终端。可以使用 vagrant halt 关闭系统，使用 vagrant status 查看系统状态。请注意，vagrant halt 不会关掉 VM。如果出现问题，则需要打开 VirtualBox 然后手动关闭它，或者使用 vagrant global-status 找到其 id（名为"docker-provider"），然后使用 vagrant halt <ID>停掉它。即使你处于离线状态，大部分示例仍然能够运行，这也是使用 Vagrant 的一个很好的副作用。

现在，我们已经正确地创建好了系统，下面就该准备学习 Scrapy 了。

3.2　UR^{2}IM——基本抓取流程

每个网站都是不同的，如果发现某些不常见的情况，则需要一些额外的学习，或是在 Scrapy 的邮件列表中咨询一些问题。不过,为了知道在哪里和如何搜索,重要的是对其流程有一个整体的了解,并且清楚相关的术语。和 Scrapy 打交道时,你所遵循的最通用的流程是 UR^{2}IM 流程,如图 3.3 所示。

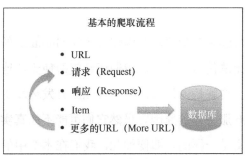

图 3.3 UR^{2}IM 流程

3.2.1 URL

一切始于 URL。你需要从准备抓取的网站中选择几个示例 URL。我将使用 Gumtree 分类广告网站(`https://www.gumtree.com`)作为示例进行演示。

比如,通过访问 Gumtree 上的伦敦房产主页(链接为 `http://www.gumtree.com/flats-houses/london`),你能够找到一些房产的示例 URL。可以通过右键单击分类列表,选择 Copy Link Address(复制链接地址)或你浏览器中同样的功能,来复制这些链接。比如,其中一个可能类似于 `https://www.gumtree.com/p/studios-bedsits- rent/split-level`。虽然可以在真实网站中使用这些 URL 来操作,但不幸的是,经过一段时间后,真实的 Gumtree 网站可能会发生变化,造成 XPath 表达式无法正常工作。此外,除非设置一个用户代理头,否则 Gumtree 不会回应你的请求。稍后我们会对此进行更进一步的讲解,不过就现在而言,如果想加载它们的某个页面,可以在 scrapy shell 中使用如下命令。

```
scrapy shell -s USER_AGENT="Mozilla/5.0" <your url here e.g. http://www.gumtree.com/p/studios-bedsits-rent/...>
```

如果想要在使用 scrapy shell 时调试问题,可以使用--pdb 参数启用交互式调试,以避免发生异常。例如:

```
scrapy shell --pdb https://gumtree.com
```

 scrapy shell 是一个非常有用的工具，能够帮助我们使用 Scrapy 开发。

很显然，我们并不鼓励你在学习本书内容时访问 Gumtree 的网站，我们也不希望本书的示例在不久之后就无法使用。此外，我们还希望即使无法连接互联网，你仍然能够开发和使用我们的示例。这就是为什么你的 Vagrant 开发环境中包含一个提供了类似于 Gumtree 网站页面的 Web 服务器的原因。虽然它们可能不如真实网站那么漂亮，但是从爬虫角度来说，它们其实是一样的。即便如此，我们在本章中的所有截图还是来自真实的 Gumtree 网站。在你 Vagrant 的 dev 机器中，可以通过 `http://web:9312/` 访问该 Web 服务器，而在你的浏览器中，可以通过 `http://localhost:9312/` 来访问。

在 scrapy shell 中打开服务器中的一个网页，并且在 dev 机器上输入如下内容进行操作。

```
$ scrapy shell http://web:9312/properties/property_000000.html
...
[s] Available Scrapy objects:
[s]   crawler      <scrapy.crawler.Crawler object at 0x2d4fb10>
[s]   item         {}
[s]   request      <GET http:// web:9312/.../property_000000.html>
[s]   response     <200 http://web:9312/.../property_000000.html>
[s]   settings     <scrapy.settings.Settings object at 0x2d4fa90>
[s]   spider       <DefaultSpider 'default' at 0x3ea0bd0>
[s] Useful shortcuts:

[s]   shelp()            Shell help (print this help)
[s]   fetch(req_or_url) Fetch request (or URL) and update local...
[s]   view(response)     View response in a browser
>>>
```

我们得到了一些输出，现在可以在 Python 提示符下，用它来调试刚才加载的页面（一般情况下，可以使用 *Ctrl* + *D* 退出）。

3.2.2 请求和响应

大家可能注意到在前面的日志中，scrapy shell 本身已经为我们做了一些工作。我们给出了一个 URL，然后它执行了一个默认的 GET 请求，并得到了一个状态码为 200 的响应。这就意味着，页面信息已经加载完毕，可以使用了。如果想要打印 response.body 的前 50 个字符，可以按如下命令操作。

```
>>> response.body[:50]
'<!DOCTYPE html>\n<html>\n<head>\n<meta charset="UTF-8"'
```

[:50]是什么？这是 Python 从文本变量（本例为 response.body）中抽取最前面 50 个字符（如果存在）的方式。如果你之前并不了解 Python，请保持冷静，继续向前。很快，你就会熟悉并享受所有这些语法技巧了。

这是 Gumtree 上指定页面的 HTML 内容。请求和响应部分不会给我们带来太多麻烦。不过，在很多情况下，你需要做一些工作才能保证其正确。第 5 章中讲到这些内容。就目前来说，我们尽量保持简单，直接进入下一部分——Item。

3.2.3 Item

下一步是尝试从响应中将数据抽取到 Item 的字段中。因为该页面的格式是 HTML，因此可以使用 XPath 表达式进行操作。首先，让我们看一下这个页面，如图 3.4 所示。

在图 3.4 中有大量的信息，但其中大部分都是布局：logo、搜索框、按钮等。虽然这些信息都很有用，但是爬虫并不会对其产生兴趣。我们可能感兴趣的字段，比如说包括房源的标题、位置或代理商的电话号码，它们都具有对应的 HTML 元素，我们需要定位到这些元素，然后使用前一节中所描述的流程抽取数据。那么，先从标题开始吧（如图 3.5 所示）。

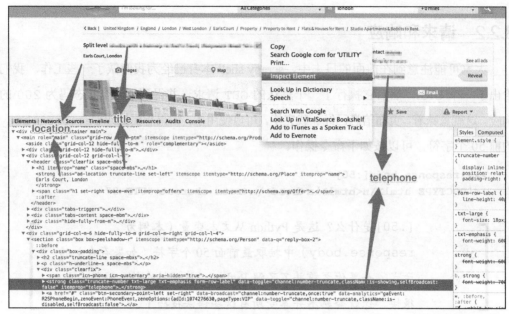

图 3.4　页面、感兴趣的字段及其 HTML 代码

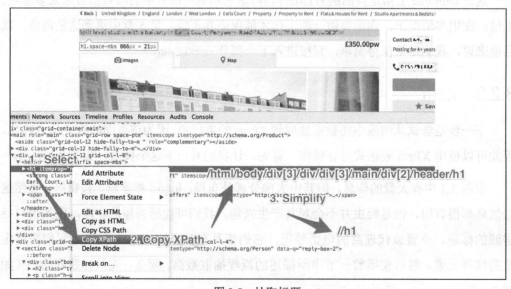

图 3.5　抽取标题

　　右键单击页面上的标题，并选择 **Inspect Element**。这样就可以看到相应的 HTML 源代码了。现在，尝试通过右键单击并选择 **Copy XPath**，抽取标题的 XPath 表达式。你

会发现 Chrome 浏览器给我们的 XPath 表达式很精确，但又十分复杂，因此该表达式是非常脆弱的。我们将对其进行一些简化，只使用最后的一部分，通过使用表达式//h1，选择在页面中可以看到的任何 H1 元素。尽管这种方式有些误导，因为我们并不是真的需要页面中的每一个 H1，不过实际上这里只有标题使用了 H1；而作为优秀的 SEO 实践，每个页面应当只有一个 H1 元素，并且大部分网站确实是这样的。

> SEO 是 Search Engine Optimization（搜索引擎优化）的缩写，即通过优化网站代码、内容和出入站链接的流程，实现提供给搜索引擎的最佳方式。

我们来检查下该 XPath 表达式能否在 scrapy shell 中良好运行。

```
>>> response.xpath('//h1/text()').extract()
[u'set unique family well']
```

非常好，完美工作。你应该已经注意到我在//h1 表达式的结尾处添加了/text()。如果想要只抽取 H1 元素所包含的文本内容，而不是 H1 元素自身的话，就需要使用到它。我们通常都会使用/text()来获得文本字段。如果忽略它，就会得到整个元素的文本，包括并不需要的标记。

```
>>> response.xpath('//h1').extract()
[u'<h1 itemprop="name" class="space-mbs">set unique family well</h1>']
```

此时，我们就得到了抽取本页中第一个感兴趣的属性（标题）的代码，不过如果你观察得更仔细的话，就会发现还有一种更好更简单的方法也可以做到。

Gumtree 通过微数据标记注解它们的 HTML。比如，我们可以看到，在其头部有一个 itemprop="name"的属性，如图 3.6 所示。非常好，这样我们就可以使用一个更简单的 XPath 表达式，而不再包含任何可视化元素了，此时得到的表达式为//*[@itemprop= "name"][1]/text()。你可能会奇怪为什么我们选择了包含 itemprop="name"的第一个元素。

```
►<h1 itemprop="name" class="space-mbs">...</h1>
```

图 3.6　Gumtree 拥有微数据标记

稍等！你是说第一个？如果你是一个经验丰富的程序员，可能已经将 array[1] 作为数组的第二个元素了。令人惊讶的是，XPath 是从 1 开始的，因此 array[1] 是数组的第一个元素。

我们这么做，不只是因为 itemprop="name" 在许多不同的上下文中作为微数据来使用，还因为 Gumtree 在其页面的"你可能还喜欢……"部分为其他属性使用了嵌套的信息，以这种方式阻止我们对其轻易识别。尽管如此，这并不是一个大问题。我们只需要选择第一个，而且我们也将使用同样的方式处理其他字段。

让我们来看一下价格。价格被包含在如下的 HTML 结构当中。

```
<strong class="ad-price txt-xlarge txt-emphasis" itemprop="price">
£334.39pw</strong>
```

我们又一次看到了 itemprop="name" 这种形式，太棒了。此时，XPath 表达式将会是 //*[@itemprop="price"][1]/text()。我们来试一下吧。

```
>>> response.xpath('//*[@itemprop="price"][1]/text()').extract()
[u'\xa3334.39pw']
```

我们注意到，这里包含一些 Unicode 字符（英镑符号£），然后是 334.39pw 的价格。这表明数据并不总是像我们希望的那样干净，所以可能还需要对其进行一些清洗的工作。比如，在本例中，我们可能需要使用一个正则表达式，以便只选择数字和点号。可以使用 re() 方法做到这一要求，并使用一个简单的正则表达式替代 extract()。

```
>>> response.xpath('//*[@itemprop="price"][1]/text()').re('[.0-9]+')
[u'334.39']
```

这里使用了一个 response 对象，并调用了它的 xpath() 方法来抽取感兴趣的值。不过，xpath() 返回的值是什么呢？如果在一个简单的 XPath 表达式中，不使用 .extract() 方法，将会得到如下的显示输出：

```
>>> response.xpath('.')
[<Selector xpath='.' data=u'<html>\n<head>\n<meta
charse'>]
```

xpath()返回了网页内容预加载的 Selector 对象。我们目前只使用了 xpath()方法,不过它还有另一个有用的方法: css()。xpath()和 css()都会返回选择器,只有当调用 extract()或 re()方法的时候,才会得到真实的文本数组。这种方式非常好用,因为这样就可以将 xpath()和 css()操作串联起来了。比如,可以使用 css()快速抽取正确的 HTML 元素。

```
>>> response.css('.ad-price')
[<Selector xpath=u"descendant-or-self::*[@class and
contains(concat(' ', normalize-space(@class), ' '), '
ad-price ')]" data=u'<strong class="ad-price txt-xlarge
txt-e'>]
```

请注意,在后台中 css()实际上编译了一个 xpath()表达式,不过我们输入的内容要比 XPath 自身更加简单。接下来,串联一个 xpath()方法,只抽取其中的文本。

```
>>> response.css('.ad-price').xpath('text()')
[<Selector xpath='text()' data=u'\xa3334.39pw'>]
```

最后,还可以通过 re()方法,串联上正则表达式,以抽取感兴趣的值。

```
>>> response.css('.ad-price').xpath('text()').re('[.0-
9]+')
[u'334.39']
```

实际上,这个表达式与原始表达式相比,并无好坏之差。请把它当作一个引起思考的说明性示例。在本书中,我们将尽可能保持事物简单,同时也会尽可能多地使用虽然有些老旧但仍然好用的 XPath。关键点是记住 xpath()和 css()返回的Selector 对象是可以被串联起来的。为了获取真实值,可以使用 extract(),也可以使用 re()。在 Scrapy 的每个新版本当中,都会围绕这些类添加新的令人兴奋且高价值的功能。相关的 Scrapy 文档部分为 http://doc.scrapy.org/en/latest/ topics/selectors.html。该文档非常优秀,相信你可以从中找到抽取数据的最有效的方式。

描述文本的抽取也是相似的。有一个 `itemprop="description"` 的属性用于标示描述。其 XPath 表达式为 `//*[@itemprop="description"] [1]/text()`。相似地，住址部分使用 `itemtype="http://schema.org/ Place"` 注解；因此，XPath 表达式为 `//*[@itemtype="http:// schema.org/Place"][1]/text()`。

同理，图片使用了 `itemprop="image"`。因此使用 `//img [@itemprop="image"] [1]/@src`。这里需要注意的是，我们没有使用 `/text()`，这是因为我们并不需要任何文本，而是只需要包含图片 URL 的 `src` 属性。

假设这些是我们想要抽取的全部信息，我们可以将其总结到表 3.1 中。

表 3.1

基本字段	XPath 表达式
`title`	`//*[@itemprop="name"][1]/text()`
	示例值：`[u'set unique family well']`
`price`	`//*[@itemprop="price"][1]/text()`
	示例值（使用 `re()`）：`[u'334.39']`
`description`	`//*[@itemprop="description"][1]/text()`
	示例值：`[u'website court warehouse\r\npool...']`
`address`	`//*[@itemtype="http://schema.org/Place"][1]/text()`
	示例值：`[u'Angel, London']`
`image_urls`	`//*[@itemprop="image"][1]/@src`
	示例值：`[u'../images/i01.jpg']`

现在，表 3.1 就变得非常重要了，因为如果我们有许多包含相似信息的网站，则很可能需要创建很多类似的爬虫，此时只需改变前面的这些表达式。此外，如果想要抓取大量网站，也可以使用这样一张表格来拆分工作量。

到目前为止，我们主要在使用 HTML 和 XPath。接下来，我们将开始编写一些真正的 Python 代码。

3.3 一个 Scrapy 项目

到目前为止，我们只是在通过 scrapy shell "小打小闹"。现在，既然已经拥有了用于开始第一个 Scrapy 项目的所有必要组成部分，那么让我们按下 *Ctrl + D* 退出 scrapy shell 吧。需要注意的是，你现在输入的所有内容都将丢失。显然，我们并不希望在每次爬取某些东西的时候都要输入代码，因此一定要谨记 scrapy shell 只是一个可以帮助我们调试页面、XPath 表达式和 Scrapy 对象的工具。不要花费大量时间在这里编写复杂代码，因为一旦你退出，这些代码就都会丢失。为了编写真实的 Scrapy 代码，我们将使用项目。下面创建一个 Scrapy 项目，并将其命名为"properties"，因为我们正在抓取的数据是房产。

```
$ scrapy startproject properties
$ cd properties
$ tree
.
├── properties
│   ├── __init__.py
│   ├── items.py
│   ├── pipelines.py
│   ├── settings.py
│   └── spiders
│       └── __init__.py
└── scrapy.cfg

2 directories, 6 files
```

> 提醒一下，你可以从 GitHub 中获得本书的全部源代码。要下载该代码，可以使用如下命令：
>
> **git clone https://github.com/scalingexcellence/scrapybook**
>
> 本章的代码在 `ch03` 目录中，其中该示例的代码在 `ch03/properties` 目录中。

我们可以看到这个 Scrapy 项目的目录结构。命令 `scrapy startproject properties`

创建了一个以项目名命名的目录，其中包含 3 个我们感兴趣的文件，分别是 items.py、pipelines.py 和 settings.py。这里还有一个名为 spiders 的子目录，目前为止该目录是空的。在本章中，我们将主要在 items.py 文件和 spiders 目录中工作。在后续的章节里，还将对设置、管道和 scrapy.cfg 文件有更多探索。

3.3.1　声明 item

我们使用一个文件编辑器打开 items.py 文件。现在该文件中已经包含了一些模板代码，不过还需要针对用例对其进行修改。我们将重定义 PropertiesItem 类，添加表 3.2 中总结出来的字段。

我们还会添加几个字段，我们的应用在后续会用到这些字段（这样之后就不需要再修改这个文件了）。本书后续的内容会深入解释它们。需要重点注意的一个事情是，我们声明一个字段并不意味着我们将在每个爬虫中都填充该字段，或是全部使用它。你可以随意添加任何你感觉合适的字段，因为你可以在之后更正它们。

表 3.2

可计算字段	Python 表达式
images	图像管道将会基于 image_urls 自动填充该字段。可以在后续的章节中了解更多相关内容
location	我们的地理编码管道将会在后面填充该字段。可以在后续的章节中了解更多相关的内容

我们还会添加一些管理字段（见表 3.3）。这些字段不是特定于某个应用程序的，而是我个人感兴趣的字段，可能会在未来帮助我调试爬虫。你可以在项目中选择其中的一些字段，当然也可以不选择。如果你仔细观察这些字段，就会明白它们可以让我清楚何地（server、url）、何时（date）、如何（spider）执行的抓取。它们还可以自动完成一些任务，比如使 item 失效、规划新的抓取迭代或是删除来自有问题的爬虫的 item。如果你还不能理解所有的表达式，尤其是 server 的表达式，也不用担心。当我们进入到后面的章节时，这些都会变得越来越清楚。

表 3.3

管理字段	Python 表达式
url	response.url 示例值: 'http://web.../property_000000. html'
project	self.settings.get('BOT_NAME') 示例值: 'properties'
spider	self.name 示例值: 'basic'
server	socket.gethostname() 示例值: 'scrapyserver1'
date	datetime.datetime.now() 示例值: datetime.datetime(2015, 6, 25...)

给出字段列表之后，再去修改并自定义 scrapy startproject 为我们创建的 PropertiesItem 类，就会变得很容易。在文本编辑器中，修改 properties/items.py 文件，使其包含如下内容：

```
from scrapy.item import Item, Field

class PropertiesItem(Item):
    # Primary fields
    title = Field()
    price = Field()
    description = Field()
    address = Field()
    image_urls = Field()

    # Calculated fields
    images = Field()
    location = Field()

    # Housekeeping fields
    url = Field()
    project = Field()
    spider = Field()
    server = Field()
    date = Field()
```

由于这实际上是我们在文件中编写的第一个 Python 代码，因此需要重点指出的是，Python 使用缩进作为其语法的一部分。在每个字段的起始部分，会有精确的 4 个空格或 1 个制表符，这一点非常重要。如果你在其中一行使用了 4 个空格，而在另一行使用了 3 个空格，就会出现语法错误。如果你在其中一行使用了 4 个空格，而在另一行使用了制表符，同样也会产生语法错误。这些空格在 PropertiesItem 类下，将字段声明组织到了一起。其他语言一般使用大括号（{}）或特殊的关键词（如 begin-end）来组织代码，而 Python 使用空格。

3.3.2　编写爬虫

我们已经在半路上了。现在，我们需要编写爬虫。通常，我们会为每个网站或网站的一部分（如果网站非常大的话）创建一个爬虫。爬虫代码实现了完整的 UR^{2}IM 流程，我们很快就可以看到。

> 什么时候使用爬虫，什么时候使用项目呢？项目是由 Item 和若干爬虫组成的。如果有很多网站，并且需要从中抽取相同类型的 Item，比如：房产，那么所有这些网站都可以使用同一个项目，并且为每个源/网站使用一个爬虫。反之，如果要处理图书及房产这两种不同的源时，则应该使用不同的项目。

当然，可以在文本编辑器中从头开始创建一个爬虫，不过为了减少一些输入，更好的方法是使用 scrapy genspider 命令，如下所示。

```
$ scrapy genspider basic web
Created spider 'basic' using template 'basic' in module:
  properties.spiders.basic
```

现在，如果再次运行 tree 命令，就会注意到与之前相比唯一的不同是在 properties/spiders 目录中增加了一个新文件 basic.py。前面的命令所做的工作就是创建了一个名为"basic"的"默认"爬虫，并且该爬虫被限制为只能爬取 web 域名下的 URL。如果需要的话，可以很容易地移除这个限制，不过目前来说没有问题。爬虫使用"basic"模板创建。你可以通过输入 scrapy genspider-l 来查看其他可用的模板，然后在执行 scrapy genspider 时，通过-t 参数，使用任意其他模板创建爬虫。

在本章稍后的部分，我们将会看到一个示例。

> Scrapy 有许多子目录。我们一般假设你位于包含 scrapy.cfg
> 文件的目录中。这是项目的"顶级"目录。现在，每当我们引
> 用 Python "包"和"模块"时，它们就是以映射目录结构的方式
> 设置的。比如，输出提到了 properties.spiders.basic，
> 就是指 properties/spiders 目录中的 basic.py 文件。我
> 们早前定义的 PropertiesItem 类是在 properties.items
> 模块中，该模块对应的就是 properties 目录中的 items.py
> 文件。

如果查看 properties/spiders/basic.py 文件，可以看到如下代码。

```
import scrapy

class BasicSpider(scrapy.Spider):
    name = "basic"
    allowed_domains = ["web"]
    start_urls = (
        'http://www.web/',
    )

    def parse(self, response):
        pass
```

import 语句能够让我们使用 Scrapy 框架中已有的类。下面是扩展自 scrapy.Spider
的 BasicSpider 类的定义。通过"扩展"的方式，尽管我们实际上没有写任何代码，
但是该类已经"继承"了 Scrapy 框架中的 Spider 类的相当一部分功能。这样，就可以
只额外编写少量的代码行，而获得一个完整运行的爬虫了。然后，我们可以看到一些爬
虫的参数，比如它的名字以及我们允许其爬取的域名。最后是空函数 parse() 的定义，
该函数包含了两个参数，分别是 self 和 response 对象。通过使用 self 引用，我们
就可以使用爬虫中感兴趣的功能了。而另一个对象 response，我们应该很熟悉，它就
是我们在 scrapy shell 中使用过的 response 对象。

这是你的代码——你的爬虫。不要害怕修改它，你不会真的把事情搞砸的。即使在最坏的情况下，你还可以使用 rmproperties/ spiders/basic.py*删除文件，然后再重新生成。尽情发挥吧！

好了，让我们开始改造吧。首先，要使用在 scrapy shell 中使用过的那个 URL，对应地设置到 start_urls 参数中。然后，将使用爬虫预定义的方法 log()，输出在基本字段表中总结的所有内容。修改后，properties/spiders/basic.py 的代码如下所示。

```python
import scrapy

class BasicSpider(scrapy.Spider):
    name = "basic"
    allowed_domains = ["web"]
    start_urls = (
        'http://web:9312/properties/property_000000.html',
    )

    def parse(self, response):
        self.log("title: %s" % response.xpath(
            '//*[@itemprop="name"][1]/text()').extract())
        self.log("price: %s" % response.xpath(
            '//*[@itemprop="price"][1]/text()').re('[.0-9]+'))
        self.log("description: %s" % response.xpath(
            '//*[@itemprop="description"][1]/text()').extract())
        self.log("address: %s" % response.xpath(
            '//*[@itemtype="http://schema.org/'
            'Place"][1]/text()').extract())
        self.log("image_urls: %s" % response.xpath(
            '//*[@itemprop="image"][1]/@src').extract())
```

我将会不时地修改格式，以便在屏幕和纸张中都能很好地显示。这并不意味着它有什么特殊的含义。

等了这么久，终于到了运行爬虫的时候了。我们可以使用命令 scrapy crawl 以及爬虫的名称来运行爬虫。

```
$ scrapy crawl basic
INFO: Scrapy 1.0.3 started (bot: properties)
...
INFO: Spider opened
DEBUG: Crawled (200) <GET http://...000.html>
DEBUG: title: [u'set unique family well']
DEBUG: price: [u'334.39']
DEBUG: description: [u'website...']
DEBUG: address: [u'Angel, London']
DEBUG: image_urls: [u'../images/i01.jpg']
INFO: Closing spider (finished)
...
```

非常好！不要被大量的日志行吓倒。我们将会在后续的章节中更详细地研究其中的一部分，不过对于现在而言，只需要注意到所有使用 XPath 表达式收集到的数据确实能够通过这个简单的爬虫代码抽取出来就可以了。

让我们再来试验一下另一个命令：scrapy parse。它允许我们使用 "最合适" 的爬虫来解析参数中给定的任意 URL。我不喜欢抱有侥幸心理，所以我们使用它结合 --spider 参数来设置爬虫。

```
$ scrapy parse --spider=basic http://web:9312/properties/property_000001.
html
```

你会看到输出和之前是相似的，只不过现在是另一套房产。

> scrapy parse 同样也是一个相当方便的调试工具。在任何情况下，如果你想 "认真" 抓取的话，应当使用主命令 scrapy crawl。

3.3.3　填充 item

我们将会对前面的代码进行少量修改，以填充 PropertiesItem。你将会看到，尽管修改非常轻微，但是会 "解锁" 大量的新功能。

首先，需要引入 PropertiesItem 类。如前所述，它在 properties 目录的 items.py 文件中，也就是 properties.items 模块中。我们回到 properties/spiders/

basic.py 文件，使用如下命令引入该模块。

```
from properties.items import PropertiesItem
```

然后需要进行实例化，并返回一个对象。这非常简单。在 parse() 方法中，可以通过添加 item = PropertiesItem() 语句创建一个新的 item，然后可以按如下方式为其字段分配表达式。

```
item['title'] =
response.xpath('//*[@itemprop="name"][1]/text()').extract()
```

最后，使用 return item 返回 item。最新版的 properties/ spiders/basic.py 代码如下所示。

```
import scrapy
from properties.items import PropertiesItem

class BasicSpider(scrapy.Spider):
    name = "basic"
    allowed_domains = ["web"]
    start_urls = (
        'http://web:9312/properties/property_000000.html',
    )

    def parse(self, response):
        item = PropertiesItem()
        item['title'] = response.xpath(
            '//*[@itemprop="name"][1]/text()').extract()
        item['price'] = response.xpath(
            '//*[@itemprop="price"][1]/text()').re('[.0-9]+')
        item['description'] = response.xpath(
            '//*[@itemprop="description"][1]/text()').extract()
        item['address'] = response.xpath(
            '//*[@itemtype="http://schema.org/'
            'Place"][1]/text()').extract()
        item['image_urls'] = response.xpath(
            '//*[@itemprop="image"][1]/@src').extract()
        return item
```

现在，如果你再像之前那样运行 scrapy crawl basic，就会发现一个非常小但很重要的区别。我们不再在日志中记录抓取值（所以没有包含字段值的 DEBUG:行了），而是看到如下的输出行。

```
DEBUG: Scraped from <200
http://...000.html>
  {'address': [u'Angel, London'],
   'description': [u'website ... offered'],
   'image_urls': [u'../images/i01.jpg'],
   'price': [u'334.39'],
   'title': [u'set unique family well']}
```

这是从本页面抓取得到的 PropertiesItem。非常好，因为 Scrapy 是围绕着 Items 的概念构建的，也就是说你现在可以使用后续章节中介绍的管道，对其进行过滤和丰富了，并且可以通过"Feed exports"将其以不同的格式导出存储到不同的地方。

3.3.4 保存文件

请尝试如下爬取示例。

```
$ scrapy crawl basic -o items.json
$ cat items.json
[{"price": ["334.39"], "address": ["Angel, London"], "description":
["website court ... offered"], "image_urls": ["../images/i01.jpg"],
"title": ["set unique family well"]}]

$ scrapy crawl basic -o items.jl
$ cat items.jl
{"price": ["334.39"], "address": ["Angel, London"], "description":
["website court ... offered"], "image_urls": ["../images/i01.jpg"],
"title": ["set unique family well"]}

$ scrapy crawl basic -o items.csv
$ cat items.csv
description,title,url,price,spider,image_urls...
"...offered",set unique family well,,334.39,,../images/i01.jpg
$ scrapy crawl basic -o items.xml
$ cat items.xml
<?xml version="1.0" encoding="utf-8"?>
<items><item><price><value>334.39</value></price>...</item></items>
```

我们不需要编写任何额外的代码，就可以保存为这些不同的格式。Scrapy 在幕后识别你想要输出的文件扩展名，并以适当的格式输出到文件中。前面的格式覆盖了一些最常见的用例。CSV 和 XML 文件非常流行，因为类似微软 Excel 的电子表格程序可以直接打开它们。JSON 文件在网上非常流行，原因是它们富有表现力而且与 JavaScript 的关系相当密切。JSON 与 JSON 行（JSON Line）格式的轻微不同是，.json 文件是在一个大数组中存储 JSON 对象的。这就意味着如果你有一个 1GB 的文件，你可能不得不在使用典型的解析器解析之前，将其全部存入内存当中。而 .jl 文件则是每行包含一个 JSON 对象，所以它们可以被更高效地读取。

将你生成的文件保存到文件系统之外的地方也很容易。比如，通过使用如下命令，Scrapy 可以自动将文件上传到 FTP 或 S3 存储桶中。

```
$ scrapy crawl basic -o "ftp://user:pass@ftp.scrapybook.com/items.json "
$ scrapy crawl basic -o "s3://aws_key:aws_secret@scrapybook/items.json"
```

需要注意的是，除非凭证和 URL 都更新为与有效的主机/S3 提供商相匹配，否则该示例无法工作。

我的 MySQL 驱动在哪里？起初，我也对 Scrapy 缺少针对 MySQL 或其他数据库的内置支持感到惊讶。而实际上，没有什么是内置的，这与 Scrapy 的思考方式是完全违背的。Scrapy 的目标是快速和可扩展。它使用了很少的 CPU，以及尽可能高的入站带宽。从性能的角度来看，将数据插入到大部分关系型数据库将会是一场灾难。当需要将 item 插入到数据库时，必须将其先存储到文件当中，然后再使用批量加载机制导入它们。在第 9 章中，我们将会看到多种高效的方式，用来将独立的 item 导入到数据库中。

这里需要注意的另一件事是，如果你现在尝试使用 scrapy parse，它会向你显示已经抓取的 item，以及你的爬取生成的新请求（本例中没有）。

```
$ scrapy parse --spider=basic http://web:9312/properties/property_000001.
html
INFO: Scrapy 1.0.3 started (bot: properties)
...
INFO: Spider closed (finished)

>>> STATUS DEPTH LEVEL 1 <<<
# Scraped Items ------------------------------------------------------
```

```
[{'address': [u'Plaistow, London'],
  'description': [u'features'],
  'image_urls': [u'../images/i02.jpg'],
  'price': [u'388.03'],
  'title': [u'belsize marylebone...deal']}]
# Requests -----------------------------------------------
[]
```

在调试给出意料之外的结果的 URL 时，你会更加感激 scrapy parse。

3.3.5 清理——item 装载器与管理字段

恭喜，你在创建基础爬虫方面做得不错！下面让我们做得更专业一些吧。

首先，我们使用一个强大的工具类——ItemLoader，以替代那些杂乱的 extract() 和 xpath() 操作。通过使用该类，我们的 parse() 方法会按如下进行代码变更。

```
def parse(self, response):
    l = ItemLoader(item=PropertiesItem(), response=response)

    l.add_xpath('title', '//*[@itemprop="name"][1]/text()')
    l.add_xpath('price', './/*[@itemprop="price"]'
          '[1]/text()', re='[,.0-9]+')
    l.add_xpath('description', '//*[@itemprop="description"]'
          '[1]/text()')
    l.add_xpath('address', '//*[@itemtype='
          '"http://schema.org/Place"][1]/text()')
    l.add_xpath('image_urls', '//*[@itemprop="image"][1]/@src')

    return l.load_item()
```

好多了，是不是？不过，这种写法并不只是在视觉上更加舒适，它还非常明确地声明了我们意图去做的事情，而不会将其与实现细节混淆起来。这就使得代码具有更好的可维护性以及自描述性。

ItemLoader 提供了许多有趣的结合数据及对数据进行格式化和清洗的方式。请注意，此类功能的开发非常活跃，因此请查阅 Scrapy 优秀的官方文档来发现使用它们的更高效的方式，文档地址为 http://doc.scrapy.org/en/latest/topics/loaders.html。Itemloaders 通过不同的处理类传递 XPath/CSS 表达式的值。处理器是一个快速而又简单的函数。处理器的一个例子是 `Join()`。假设你已经使用类似 `//p` 的 XPath 表达式选取了很多个段落，该处理器可以将这些段落结合成一个条目。另一个非常有意思的处理器是 `MapCompose()`。通过该处理器，你可以使用任意 Python 函数或 Python 函数链，以实现复杂的功能。比如，`MapCompose(float)` 可以将字符串数据转换为数值，而 `MapCompose(Unicode.strip, Unicode.title)` 可以删除多余的空白符，并将字符串格式化为每个单词均为首字母大写的样式。让我们看一些处理器的例子，如表 3.4 所示。

表 3.4

处 理 器	功 能
`Join()`	把多个结果连接在一起
`MapCompose(unicode.strip)`	去除首尾的空白符
`MapCompose(unicode.strip, unicode. title)`	与 `MapCompose(unicode.strip)` 相同，不过还会使结果按照标题格式
`MapCompose(float)`	将字符串转为数值
`MapCompose(lambda i: i.replace (',', ''), float)`	将字符串转为数值，并忽略可能存在的','字符
`MapCompose(lambda i: urlparse. urljoin (response.url, i))`	以 `response.url` 为基础，将 URL 相对路径转换为 URL 绝对路径

你可以使用任何 Python 表达式作为处理器。可以看到，我们可以很容易地将它们一个接一个地连接起来，比如，我们前面给出的去除首尾空白符以及标题化的例子。`unicode.strip()` 和 `unicode.title()` 在某种意义上来说比较简单，它们只有一个参数，并且也只有一个返回结果。我们可以在 `MapCompose` 处理器中直接使用它们。而另一些函数，像 `replace()` 或 `urljoin()`，就会稍微有点复杂，它们需要多个参数。对于这种情况，我们可以使用 Python 的"lambda 表达式"。lambda 表达式是一种简洁的函数。比如下面这个简洁的 lambda 表达式。

```
myFunction = lambda i: i.replace(',', '')
```

可以代替：

```
def myFunction(i):
    return i.replace(',', '')
```

通过使用 lambda，我们将类似 replace() 和 urljoin() 这样的函数包装在只有一个参数及一个返回结果的函数中。为了能够更好地理解表 3.4 中的处理器，下面看几个使用处理器的例子。使用 scrapy shell 打开任意 URL，然后尝试如下操作。

```
>>> from scrapy.loader.processors import MapCompose, Join
>>> Join()(['hi','John'])
u'hi John'
>>> MapCompose(unicode.strip)([u' I',u' am\n'])
[u'I', u'am']
>>> MapCompose(unicode.strip, unicode.title)([u'nIce cODe'])
[u'Nice Code']
>>> MapCompose(float)(['3.14'])
[3.14]
>>> MapCompose(lambda i: i.replace(',', ''), float)(['1,400.23'])
[1400.23]
>>> import urlparse
>>> mc = MapCompose(lambda i: urlparse.urljoin('http://my.com/test/abc',
i))
>>> mc(['example.html#check'])
['http://my.com/test/example.html#check']
>>> mc(['http://absolute/url#help'])
['http://absolute/url#help']
```

这里要解决的关键问题是，处理器只是一些简单小巧的功能，用来对我们的 XPath/CSS 结果进行后置处理。现在，在爬虫中使用几个这样的处理器，并按照我们想要的方式输出。

```
def parse(self, response):
    l.add_xpath('title', '//*[@itemprop="name"][1]/text()',
            MapCompose(unicode.strip, unicode.title))
    l.add_xpath('price', './/*[@itemprop="price"][1]/text()',
            MapCompose(lambda i: i.replace(',', ''), float),
            re='[,.0-9]+')
    l.add_xpath('description', '//*[@itemprop="description"]'
            '[1]/text()', MapCompose(unicode.strip), Join())
    l.add_xpath('address',
            '//*[@itemtype="http://schema.org/Place"][1]/text()',
            MapCompose(unicode.strip))
    l.add_xpath('image_urls', '//*[@itemprop="image"][1]/@src',
            MapCompose(
            lambda i: urlparse.urljoin(response.url, i)))
```

完整列表将会在本章后续部分给出。当你使用我们目前开发的代码运行 scrapy crawl basic 时，可以得到更加整洁的输出值。

```
'price': [334.39],
'title': [u'Set Unique Family Well']
```

最后，我们可以通过使用 add_value() 方法，添加 Python 计算得出的单个值（而不是 XPath/CSS 表达式）。我们可以用该方法设置"管理字段"，比如 URL、爬虫名称、时间戳等。我们还可以直接使用管理字段表中总结出来的表达式，如下所示。

```
l.add_value('url', response.url)
l.add_value('project', self.settings.get('BOT_NAME'))
l.add_value('spider', self.name)
l.add_value('server', socket.gethostname())
l.add_value('date', datetime.datetime.now())
```

为了能够使用其中的某些函数，请记得引入 datetime 和 socket 模块。

好了！我们现在已经得到了非常不错的 Item。此刻，你的第一感觉可能是所做的这些都很复杂，你可能想要知道这些工作是不是值得付出努力。答案当然是值得的——这是因为，这就是你为了从页面抽取数据并将其存储到 Item 中几乎所有需要知道的东西。如果你从零开始编写，或者使用其他语言，该代码通常都会非常难看，而且很快就会变得不可维护。而使用 Scrapy 时，只需要仅仅 25 行代码。该代码十分简洁，用于表明意图，而不是实现细节。你清楚地知道每一行代码都在做什么，并且它可以很容易地修改、复用及维护。

你可能产生的另一个感觉是所有的处理器以及 ItemLoader 并不值得去努力。如果你是一个经验丰富的 Python 开发者，可能会觉得有些不舒服，因为你必须去学习新的类，来实现通常使用字符串操作、lambda 表达式以及列表推导式就可以完成的操作。不过，这只是 ItemLoader 及其功能的简要概述。如果你更加深入地了解它，就不会再回头了。ItemLoader 和处理器是基于编写并支持了成千上万个爬虫的人们的抓取需求而开发的工具包。如果你准备开发多个爬虫的话，就非常值得去学习使用它们。

3.3.6　创建 contract

contract 有点像为爬虫设计的单元测试。它可以让你快速知道哪里有运行异常。例如，假设你在几个星期之前编写了一个抓取程序，其中包含几个爬虫，今天想要检查一下这些爬虫是否仍然能够正常工作，就可以使用这种方式。contract 包含在紧挨着函数名的注释（即文档字符串）中，并且以@开头。下面来看几个 contract 的例子。

```
def parse(self, response):
    """ This function parses a property page.

    @url http://web:9312/properties/property_000000.html
    @returns items 1
    @scrapes title price description address image_urls
    @scrapes url project spider server date
    """
```

上述代码的含义是，检查该 URL，并找到我列出的字段中有值的一个 Item。现在，当你运行 scrapy check 时，就会去检查 contract 是否能够满足。

```
$ scrapy check basic
----------------------------------------------------------------
Ran 3 contracts in 1.640s
OK
```

如果将 url 字段留空（通过注释掉该行来设置），你会得到一个失败描述。

```
FAIL: [basic] parse (@scrapes post-hook)
----------------------------------------------------------------
ContractFail: 'url' field is missing
```

contract 失败的原因可能是爬虫代码无法运行，或者是你要检查的 URL 的 XPath 表达式已经过时了。虽然结果并不详尽，但它是抵御坏代码的第一道灵巧的防线。

综合上面的内容，下面给出我们的第一个基础爬虫的代码。

```
from scrapy.loader.processors import MapCompose, Join
from scrapy.loader import ItemLoader
from properties.items import PropertiesItem
import datetime
import urlparse
import socket
import scrapy

class BasicSpider(scrapy.Spider):
    name = "basic"
    allowed_domains = ["web"]
```

```python
# Start on a property page
start_urls = (
    'http://web:9312/properties/property_000000.html',
)

def parse(self, response):
    """ This function parses a property page.
    @url http://web:9312/properties/property_000000.html
    @returns items 1
    @scrapes title price description address image_urls
    @scrapes url project spider server date
    """
    # Create the loader using the response
    l = ItemLoader(item=PropertiesItem(), response=response)

    # Load fields using XPath expressions
    l.add_xpath('title', '//*[@itemprop="name"][1]/text()',
                MapCompose(unicode.strip, unicode.title))
    l.add_xpath('price', './/*[@itemprop="price"][1]/text()',
                MapCompose(lambda i: i.replace(',', ''),
                float),
                re='[,.0-9]+')
    l.add_xpath('description', '//*[@itemprop="description"]'
                '[1]/text()',
                MapCompose(unicode.strip), Join())
    l.add_xpath('address',
                '//*[@itemtype="http://schema.org/Place"]'
                '[1]/text()',
                MapCompose(unicode.strip))
    l.add_xpath('image_urls', '//*[@itemprop="image"]'
                '[1]/@src', MapCompose(
                lambda i: urlparse.urljoin(response.url, i)))

    # Housekeeping fields
    l.add_value('url', response.url)
    l.add_value('project', self.settings.get('BOT_NAME'))
    l.add_value('spider', self.name)
    l.add_value('server', socket.gethostname())
    l.add_value('date', datetime.datetime.now())

    return l.load_item()
```

3.4 抽取更多的 URL

到目前为止，我们使用的只是设置在爬虫的 `start_urls` 属性中的单一 URL。而该属性实际为一个元组，我们可以硬编码写入更多的 URL，如下所示。

```
start_urls = (
    'http://web:9312/properties/property_000000.html',
    'http://web:9312/properties/property_000001.html',
    'http://web:9312/properties/property_000002.html',
)
```

这种写法可能不会让你太激动。不过，我们还可以使用文件作为 URL 的源，写法如下所示。

```
start_urls = [i.strip() for i in
open('todo.urls.txt').readlines()]
```

这种写法其实也不那么令人激动，但它确实管用。更经常发生的情况是感兴趣的网站中包含一些索引页及房源页。比如，Gumtree 就包含了如图 3.7 所示的索引页，其地址为 `http://www.gumtree.com/flats-houses/london`。

图 3.7 Gumtree 的索引页

一个典型的索引页会包含许多到房源页面的链接，以及一个能够让你从一个索引页前往另一个索引页的分页系统。

因此，一个典型的爬虫会向两个方向移动（见图 3.8）：

- 横向——从一个索引页到另一个索引页；
- 纵向——从一个索引页到房源页并抽取 Item。

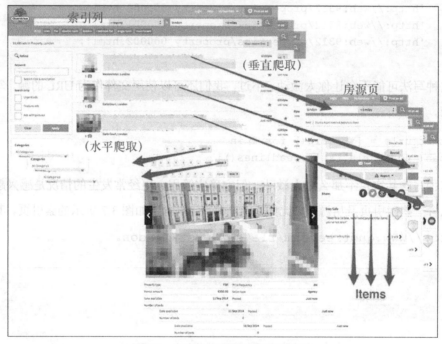

图 3.8　向两个方向移动的典型爬虫

在本书中，我们将前者称为**水平爬取**，因为这种情况下是在同一层级下爬取页面（比如索引页）；而将后者称为**垂直爬取**，因为该方式是从一个更高的层级（比如索引页）到一个更低的层级（比如房源页）。

实际上，它比听起来更加容易。我们所有需要做的事情就是再增加两个 XPath 表达式。对于第一个表达式，右键单击 **Next Page** 按钮，可以注意到 URL 包含在一个链接中，而该链接又是在一个拥有类名 next 的 li 标签内，如图 3.9 所示。因此，我们只需使用一个实用的 XPath 表达式//*[contains (@class,"next")]//@href，就可以完美运行了。

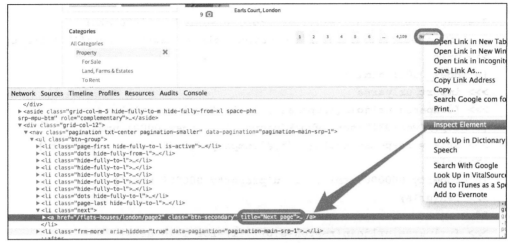

图 3.9 查找下一个索引页 URL 的 XPath 表达式

对于第二个表达式，右键单击页面中的列表标题，并选择 **Inspect Element**，如图 3.10 所示。

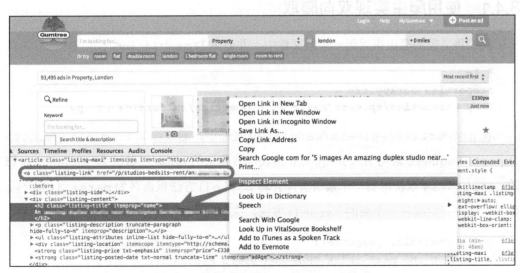

图 3.10 查找列表页 URL 的 XPath 表达式

请注意，URL 中包含我们感兴趣的 `itemprop="url"`属性。因此，表达式

//*[@itemprop="url"]/@href 就可以正常运行。现在，打开一个 scrapy shell 来确认这两个表达式是否有效：

```
$ scrapy shell http://web:9312/properties/index_00000.html
>>> urls = response.xpath('//*[contains(@class,"next")]//@href').extract()
>>> urls
[u'index_00001.html']
>>> import urlparse
>>> [urlparse.urljoin(response.url, i) for i in urls]
[u'http://web:9312/scrapybook/properties/index_00001.html']
>>> urls = response.xpath('//*[@itemprop="url"]/@href').extract()
>>> urls
[u'property_000000.html', ... u'property_000029.html']
>>> len(urls)
30
>>> [urlparse.urljoin(response.url, i) for i in urls]
[u'http://..._000000.html', ... /property_000029.html']
```

非常好！可以看到，通过使用之前已经学习的内容及这两个 XPath 表达式，我们已经能够按照自身需求使用水平抓取和垂直抓取的方式抽取 URL 了。

3.4.1　使用爬虫实现双向爬取

我们将之前的爬虫拷贝到一个新文件中，并命名为 manual.py。

```
$ ls
properties scrapy.cfg
$ cp properties/spiders/basic.py properties/spiders/manual.py
```

在 properties/spiders/manual.py 文件中，通过添加 from scrapy.http import Request 语句引入 Request 模块，将爬虫的 name 参数改为'manual'，修改 start_urls 以使用第一个索引页，并将 parse()方法重命名为 parse_item()。好了！现在开始编写一个新的 parse()方法，来实现水平和垂直两种抓取方式。

```
def parse(self, response):
    # Get the next index URLs and yield Requests
    next_selector = response.xpath('//*[contains(@class,'
                                   '"next")]//@href')
    for url in next_selector.extract():
```

```
yield Request(urlparse.urljoin(response.url, url))

# Get item URLs and yield Requests
item_selector = response.xpath('//*[@itemprop="url"]/@href')
for url in item_selector.extract():
    yield Request(urlparse.urljoin(response.url, url),
                  callback=self.parse_item)
```

你可能已经注意到了前面例子中的 yield 语句。yield 与
return 在某种意义上来说有些相似，都是将返回值提供给调
用者。不过，和 return 不同的是，yield 不会退出函数，而
是继续执行 for 循环。从功能上来说，前面的例子与下面的代
码大体相当：

```
next_requests = []
for url in...
    next_requests.append(Request(...))
for url in...
    next_requests.append(Request(...))
return next_requests
```

yield 是 Python "魔法" 的一部分，它可以使日常的高效编
程工作更加轻松。

我们现在已经准备好运行该爬虫了。不过如果让该爬虫以当前的方式运行的话，则
会抓取网站完整的 5 万个页面。为了避免运行时间过长，可以通过命令行参数：-s
CLOSESPIDER_ITEMCOUNT=90，告知爬虫在爬取指定数量（如 90 个）的 Item 后停止
运行（更多细节参见第 7 章）。现在，我们可以运行了。

```
$ scrapy crawl manual -s CLOSESPIDER_ITEMCOUNT=90
INFO: Scrapy 1.0.3 started (bot: properties)
...
DEBUG: Crawled (200) <...index_00000.html> (referer: None)
DEBUG: Crawled (200) <...property_000029.html> (referer: ...index_00000.
html)
DEBUG: Scraped from <200 ...property_000029.html>
  {'address': [u'Clapham, London'],
  'date': [datetime.datetime(2015, 10, 4, 21, 25, 22, 801098)],
```

```
    'description': [u'situated camden facilities corner'],
    'image_urls': [u'http://web:9312/images/i10.jpg'],
    'price': [223.88],
    'project': ['properties'],
    'server': ['scrapyserver1'],
    'spider': ['manual'],
    'title': [u'Portered Mile'],
    'url': ['http://.../property_000029.html']}
DEBUG: Crawled (200) <...property_000028.html> (referer: ...index_00000.
html)
...
DEBUG: Crawled (200) <...index_00001.html> (referer: ...)
DEBUG: Crawled (200) <...property_000059.html> (referer: ...)
...
INFO: Dumping Scrapy stats: ...
    'downloader/request_count': 94, ...
    'item_scraped_count': 90,
```

如果仔细查看前面的输出，就会发现我们同时获得了水平抓取和垂直抓取的结果。第一个 index_00000.html 读取后，派生出了许多请求。当它们执行时，调试信息通过 referer URL 指出是谁发起的请求。比如，可以看到，property_000029.html、property_000028.html……及 index_00001.html 都有相同的 referer（index_00000.html）。而 property_000059.html 及其他请求则是以 index_00001.html 为 referer 的，并且该过程还在持续。

从该示例中还可以观察到，Scrapy 在处理请求时使用的是**后入先出（ LIFO ）**策略（即深度优先爬取）。用户提交的最后一个请求会被首先处理。在大多数情况下，这种默认的方式非常方便。比如，我们想要在移动到下一个索引页之前处理每一个房源页时。否则，我们将会填充一个包含待爬取房源页 URL 的巨大队列，无谓地消耗内存。另外，在许多情况中，你可能需要辅助的请求来完成单个请求，我们将会在后面的章节中遇到这种情况。你需要这些辅助的请求能够尽快完成，以腾出资源，并且让被抓取的 Item 能够稳定流动。

我们可以通过设置 Request() 的优先级参数修改默认顺序，大于 0 表示高于默认的优先级，小于 0 表示低于默认的优先级。通常来说，Scrapy 的调度器会首先执行高优先级的请求，不过不要花费太多时间来考虑具体的哪个请求应该被首先执行。很可能在你的应用中，不会使用超过 1 个或 2 个请求优先级。此外还需要注意的是，URL 还会被执行去重操作，这在大部分时候也是我们想要的功能。不过如果我们需要多次执行同一个 URL 的请求，可以设置 dont_filter_Request() 参数为 true。

3.4.2 使用 CrawlSpider 实现双向爬取

如果感觉上面的双向爬取有些冗长，则说明你确实发现了关键问题。Scrapy 尝试简化所有此类通用情况，以使其编码更加简单。最简单的实现同样结果的方式是使用 CrawlSpider，这是一个能够更容易地实现这种爬取的类。为了实现它，我们需要使用 genspider 命令，并设置 -t crawl 参数，以使用 crawl 爬虫模板创建一个爬虫。

```
$ scrapy genspider -t crawl easy web
Created spider 'crawl' using template 'crawl' in module:
  properties.spiders.easy
```

现在，文件 properties/spiders/easy.py 包含如下内容。

```
...
class EasySpider(CrawlSpider):
    name = 'easy'
    allowed_domains = ['web']
    start_urls = ['http://www.web/']

    rules = (
        Rule(LinkExtractor(allow=r'Items/'),
callback='parse_item', follow=True),
    )

    def parse_item(self, response):
        ...
```

当你阅读这段自动生成的代码时，会发现它和之前的爬虫有些相似，不过在此处的类声明中，会发现爬虫是继承自 CrawlSpider，而不再是 Spider。CrawlSpider 提供了一个使用 rules 变量实现的 parse() 方法，这与我们之前例子中手工实现的功能一致。

你可能会感到疑惑，为什么我首先给出了手工实现的版本，而不是直接给出捷径。这是因为你在手工实现的示例中，学会了使用回调的 yield 方式的请求，这是一个非常有用和基础的技术，我们将会在后续的章节中不断使用它，因此理解该内容非常值得。

现在，我们要把 start_urls 设置成第一个索引页，并且用我们之前的实现替换预定义的 parse_item() 方法。这次我们将不再需要实现任何 parse() 方法。我们将预定义的 rules 变量替换为两条规则，即水平抓取和垂直抓取。

```
rules = (
Rule(LinkExtractor(restrict_xpaths='//*[contains(@class,"next")]')),
Rule(LinkExtractor(restrict_xpaths='//*[@itemprop="url"]'),
        callback='parse_item')
)
```

这两条规则使用的是和我们之前手工实现的示例中相同的 **XPath** 表达式，不过这里没有了 a 或 href 的限制。顾名思义，LinkExtractor 正是专门用于抽取链接的，因此在默认情况下，它们会去查找 a（及 area）href 属性。你可以通过设置 LinkExtractor() 的 tags 和 attrs 参数来进行自定义。需要注意的是，回调参数目前是包含回调方法名称的字符串（比如 'parse_item'），而不是方法引用，如 Request(self.parse_item)。最后，除非设置了 callback 参数，否则 Rule 将跟踪已经抽取的 URL，也就是说它将会扫描目标页面以获取额外的链接并跟踪它们。如果设置了 callback，Rule 将不会跟踪目标页面的链接。如果你希望它跟踪链接，应当在 callback 方法中使用 return 或 yield 返回它们，或者将 Rule() 的 follow 参数设置为 true。当你的房源页既包含 Item 又包含其他有用的导航链接时，该功能可能会非常有用。

运行该爬虫，可以得到和手工实现的爬虫相同的结果，不过现在使用的是一个更加简单的源代码。

```
$ scrapy crawl easy -s CLOSESPIDER_ITEMCOUNT=90
```

3.5　本章小结

　　本章可能是大家开始学习 Scrapy 时最重要的一章。你刚刚学习了开发爬虫最基本的方法：UR^{2}IM。你学会了如何自定义适合需求的 `Item`，使用 `ItemLoader`、XPath 表达式和处理器加载 `Item`，以及如何对 `Request` 使用 `yield` 操作。我们使用 `Request` 横向到达不同的索引页，纵向到达房源页并抽取 `Item`。最后，我们看到了如何使用 `CrawlSpider` 和 `Rule`，以很少的代码行创建非常强大的爬虫。如果你想要更深入地理解这些概念，请尽可能多地阅读本章，当然，也可以在你开发自己的爬虫时使用本章作为参考。

　　我们刚刚从网站中得到了一些信息。为什么它这么重要呢？我想答案会在下一章中变得明朗起来，在下一章中，通过简单的几页内容，我们将会开发一个简单的手机应用，并使用 Scrapy 填充其中的数据。我想，结果会令大家印象深刻。

第 4 章
从 Scrapy 到移动应用

我能够听到人们的尖叫声："Appery.io 是什么，一个手机应用的专用平台，它和 Scrapy 有什么关系？"那么，眼见为实吧。你可能还会对几年前在 Excel 电子表格上给某个人（朋友、管理者或者客户）展示数据时的场景印象深刻。不过现如今，除非你的听众都十分老练，否则他们的期望很可能会有所不同。在接下来的几页里，你将看到一个简单的手机应用，这是一个只需几次单击就能够创建出来的最小可视化产品，其目的是向利益相关者传达抽取所得数据的力量，并回到生态系统中，以源网站网络流量的形式展示它能够带来的价值。

我将尽量保持简短的启发式示例，在这里它们将展示如何充分利用你的数据。只有当你有一个具体的应用用于消费数据时，才可以安全地略过本章。本章将会向你展示如何以当下最流行的方式——手机应用，向公众展示你的数据。

4.1 选择手机应用框架

借助于适当的工具向手机应用提供数据将是非常容易的事情。目前有许多优秀的跨平台手机应用开发框架，如 PhoneGap、使用 Appcelerator 云服务的 Appcelerator、jQuery Mobile 和 Sencha Touch。

本章将使用 Appery.io，因为它可以让我们使用 PhoneGap 和 jQuery Mobile 快速创建 iOS、Android、Windows Phone 以及 HTML5 手机应用。我和 Scrapy 都与 Appery.io 无任

何利益关联。我会鼓励你独立进行调研，看看除了本章中提出的功能外，它是否也能符合你的需求。请注意这是一个付费服务，你可以有 14 天的试用期，不过在我看来，它可以让人无需动脑就能快速开发出原型，尤其是对于那些不是网络专家的人来说，为此付费是值得的。我选择该服务的主要原因是它既能提供手机应用，也能提供后端服务，也就是说我们不需要再去配置数据库、编写 REST API 或为服务端及手机应用使用其他一些语言。你将看到，我们一行代码都不用去编写！我们将会使用它们的在线工具；在任何时候，你都可以下载该应用，并作为 PhoneGap 项目，使用 PhoneGap 的所有功能。

在本章中，你需要接入互联网连接，以便使用 Appery.io。同时，还需要注意的是该网站的布局可能在未来会有所变化。请将我们的截屏作为参考，而不要在发现该网站外观不同时感到惊讶。

4.2　创建数据库和集合

第一步是通过单击 Appery.io 网站上的 **Sign-Up** 按钮并选取免费方案，来注册免费的 Appery.io 方案。你需要提供用户名、邮箱地址以及密码，然后就会创建好新账户了。等待几秒钟后，账户完成激活。然后就可以登录到 Appery.io 的仪表盘了。现在，开始准备创建新的数据库以及集合，如图 4.1 所示。

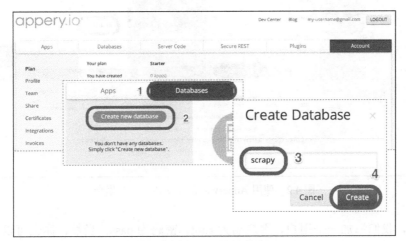

图 4.1　使用 Appery.io 创建新数据库及集合

为了完成该操作，需要按照如下步骤执行。

1．单击 **Databases** 选项卡（1）。

2．然后单击绿色的 **Create new database**（2）按钮。将新数据库命名为 scrapy（3）。

3．现在，单击 **Create** 按钮（4）。此时会自动打开 Scrapy 数据库的仪表盘，在这里，你可以创建新的集合。

在 Appery.io 的术语中，一个数据库是由一组集合组成的。大致来说，一个应用使用一个单独的数据库（至少在最初时是这样），每个数据库中包含多个集合，比如用户、房产、消息等。Appery.io 默认已经提供了一个 **Users** 集合，其中包括用户名和密码（它们有很多内置功能）。图 4.2 所示为创建集合的过程。

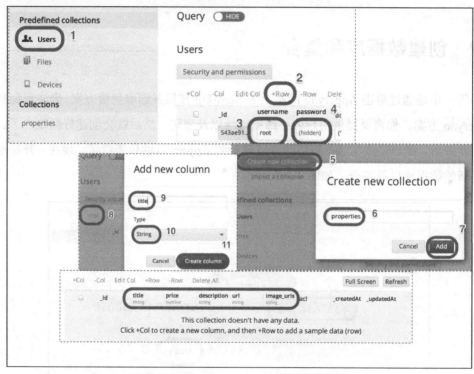

图 4.2　使用 Appery.io 创建新数据库及集合

现在，我们添加一个用户，用户名为 root，密码为 pass。当然，你也可以选择更加安全的用户名和密码。为实现该目的，请单击侧边栏的 **Users** 集合（1），然后单击 **+Row**

添加用户/行（2）。在出现的两个字段中填入用户名和密码（3）和（4）。

我们还需要创建一个新的集合，用于存储 Scrapy 抓取到的房产数据，并将该集合命名为 properties。通过单击绿色的 **Create new collection** 按钮（5），将其命名为 properties（6），然后单击 **Add** 按钮（7），就可以创建新的集合了。现在，我们还必须对该集合进行一些定制化处理。单击**+Col** 添加数据库列（8）。每个数据库列都有其类型，用于对值进行校验。除了价格是数值类型外，大部分字段都是简单的字符串类型。我们将通过单击**+Col** 添加几个列（8），并填充列名（9），如果不是字符串类型的话，还需要选择类型（10），然后单击 **Create column** 按钮（11）。重复该过程 5 次，创建表 4.1 中展示的列。

表 4.1

列	title	price	description	url	image_urls
类型	string	number	string	string	string

在集合创建的最后，你应该已经将所需的所有列都创建完成了，就像表 4.1 中所示的那样。现在已经准备好从 Scrapy 中导入一些数据了。

4.3　使用 Scrapy 填充数据库

首先，我们需要一个 API key。我们可以在 **Settings** 选项卡（1）中找到它。复制该值（2），然后单击 **Collections** 选项卡（3）回到房产集合中，过程如图 4.3 所示。

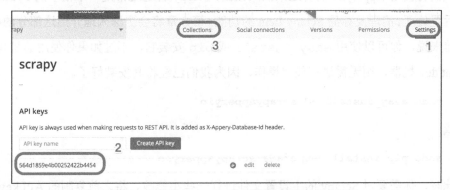

图 4.3　使用 Appery.io 创建新数据库及集合

非常好！现在需要修改在第 3 章中创建的应用，将数据导入到 Appery.io 中。我们先将项目以及名为 easy 的爬虫（easy.py）复制过来，并将该爬虫重命名为 tomobile（tomobile.py）。同时，编辑文件，将其名称设为 tomobile。

```
$ ls
properties scrapy.cfg
$ cat properties/spiders/tomobile.py
...
class ToMobileSpider(CrawlSpider):
    name = 'tomobile'
    allowed_domains = ["scrapybook.s3.amazonaws.com"]

    # Start on the first index page
    start_urls = (
        'http://scrapybook.s3.amazonaws.com/properties/'
        'index_00000.html',
    )
...
```

 本章代码可以在 GitHub 的 ch04 目录下找到。

你可能已经注意到的一个问题是，这里并没有使用之前章节中用过的 Web 服务器（http://web:9312），而是使用了该站点的一个公开可用的副本，这是我存放在 http://scrapybook.s3.amazonaws.com 上的副本。之所以在本章中使用这种方式，是因为这样可以使图片和 URL 都能够公开可用，此时就可以非常轻松地分享应用了。

我们将使用 Appery.io 的管道来插入数据。Scrapy 管道通常是一个很小的 Python 类，拥有后置处理、清理及存储 Scrapy Item 的功能。第 8 章将会更深入地介绍这部分的内容。就目前来说，你可以使用 easy_install 或 pip 安装它，不过如果你使用的是我们的 Vagrant dev 机器，则无需进行任何操作，因为我们已经将其安装好了。

```
$ sudo easy_install -U scrapyapperyio
```

或

```
$ sudo pip install --upgrade scrapyapperyio
```

此时，你需要对 Scrapy 的主设置文件进行一些小修改，将之前复制的 API key 添加

进来。第 7 章将会更加深入地讨论设置。现在，我们所需要做的就是将如下行添加到
properties/settings.py 文件中。

```
ITEM_PIPELINES = {'scrapyapperyio.ApperyIoPipeline': 300}

APPERYIO_DB_ID = '<<Your API KEY here>>'
APPERYIO_USERNAME = 'root'
APPERYIO_PASSWORD = 'pass'
APPERYIO_COLLECTION_NAME = 'properties'
```

不要忘记将 APPERYIO_DB_ID 替换为你的 API key。此外，还需要确保设置中的用
户名和密码，要和你在 Appery.io 中创建数据库用户时使用的相同。要想向 Appery.io 的
数据库中填充数据，请像平常那样启动 scrapy crawl。

```
$ scrapy crawl tomobile -s CLOSESPIDER_ITEMCOUNT=90
INFO: Scrapy 1.0.3 started (bot: properties)
...
INFO: Enabled item pipelines: ApperyIoPipeline
INFO: Spider opened
...
DEBUG: Crawled (200) <GET https://api.appery.io/rest/1/db/login?username=
root&password=pass>
...
DEBUG: Crawled (200) <POST https://api.appery.io/rest/1/db/collections/
properties>
...
INFO: Dumping Scrapy stats:
  {'downloader/response_count': 215,
   'item_scraped_count': 105,
  ...}
INFO: Spider closed (closespider_itemcount)
```

这次的输出会有些不同。可以看到在最开始的几行中，有一行是用于启用
ApperyIoPipeline 这个 Item 管道的；不过最明显的是，你会发现尽管抓取了 100 个
Item，但是却有 200 次请求/响应。这是因为 Appery.io 的管道对每个 Item 都执行了一个
到 Appery.io 服务端的额外请求，以便写入每一个 Item。这些带有 api.appery.io 这
个 URL 的请求同样也会在日志中出现。

当回到 Appery.io 时，可以看到在 **properties** 集合（1）中已经填充好了数据（2），

如图 4.4 所示。

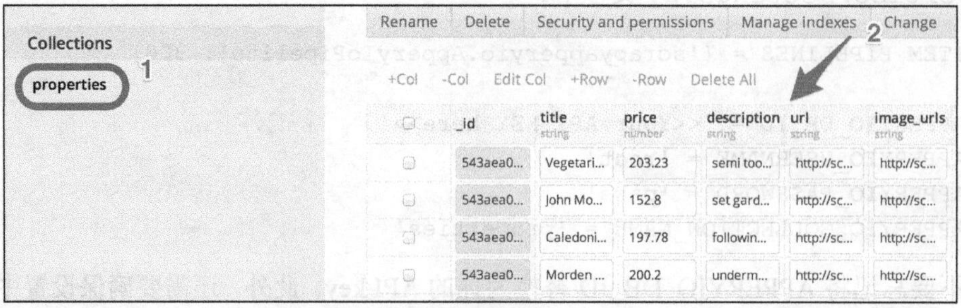

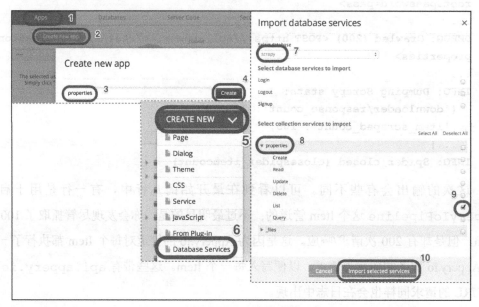

图 4.4　使用数据填充 properties 集合

4.4　创建手机应用

创建一个新的手机应用非常简单。我们只需单击 **Apps** 选项卡（1），然后单击绿色的 **Create new app** 按钮（2）。填写应用名称为 **properties**（3），然后单击 **Create** 按钮进行创建就可以了，该过程如图 4.5 所示。

图 4.5　创建新手机应用及数据库集合

4.4.1 创建数据库访问服务

创建新应用时的选项数量可能会有些多。使用 Appery.io 的应用编辑器，可以写出复杂的应用，不过我们将尽可能保持事情简单。我们最初需要的就是创建一个服务，能够让我们从应用中访问 Scrapy 数据库。为了达到这一目的，需要单击长方形的绿色按钮 **CREATE NEW**（5），然后选择 **Database Services**（6）。这时会弹出一个新的对话框，让我们选择想要连接的数据库。选择 **scrapy** 数据库（7）。这个菜单中的大部分选项都不会用到，现在只需要单击展开 **properties** 区域（8），然后选择 **List**（9）。在后台，它会为我们编写代码，使得我们使用 Scrapy 爬取的数据可以在网络上使用。最后，单击 **Import selected services** 按钮完成（10）。

4.4.2 创建用户界面

下面将要开始创建应用所有的可视化元素了，这将会使用编辑器中的 **DESIGN** 选项卡来实现，如图 4.6 所示。

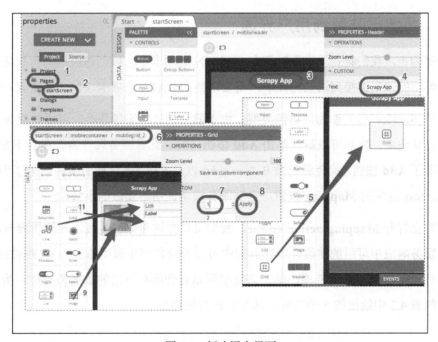

图 4.6 创建用户界面

从页面左侧的树中，展开 **Pages** 文件夹（1），然后单击 **startScreen**（2）。UI 编辑器将会打开该页面，我们可以在其中添加一些控件。下面使用编辑器编辑标题，以便对其更加熟悉。单击头部标题（3），然后会发现屏幕右侧的属性区域会变为显示标题的属性，其中包含一个 Text 属性，将该属性值修改为 **Scrapy App**，屏幕中间的标题也会相应地更新。

然后，需要添加一个网格组件，从左侧面板（5）中拖曳 **Grid** 控件即可实现。该控件有两行，而根据我们的需求，只需要一行即可。选择刚刚添加的网格。当手机视图顶部的缩略图区域（6）变灰时，就可以知道该网格已经被选取了。如果没有被选取，单击该网格以便选中。然后右侧的属性栏会更新为网格的属性。这里只需要将 Rows 属性设置为 1，然后单击 Apply 即可（7）和（8）。现在，该网格就会被更新为只有一行了。

最后，拖拽另外一些控件到网格中。首先要在网格左侧添加图片控件（9），然后在网格右侧添加链接（10），最后在链接下面添加标签（11）。

就布局而言，此时已经足够。接下来将从数据库中向用户界面输入数据。

4.4.3　将数据映射到用户界面

目前为止，我们花费了大量时间在 DESIGN 选项卡中，以创建应用的可视化效果。为了将可用的数据链接到这些控件中，需要切换到 **DATA** 选项卡（1），如图 4.7 所示。

选择 **Service**（2）作为数据源类型。由于前面创建的服务是唯一可用的服务，因此它会被自动选取。然后可以继续单击 **Add** 按钮（3），此时服务属性将会在其下方列出。只要按下了 **Add** 按钮，就会看到像 **Before send** 以及 **Success** 这样的事件。我们可以通过单击 **Success** 后面的 **Mapping** 按钮，定制服务成功调用后要做的事情。

此时会打开 **Mapping action editor**，我们可以在这里完成连线。该编辑器有两侧。左侧是服务响应中可用的字段，而在右侧中可以看到前面步骤中添加的 UI 控件的属性。两侧都有一个 **Expand all** 链接，单击该链接可以看到所有可用的数据和控件。接下来，需要按照表 4.2 中给出的 5 个映射，从左侧向右侧拖曳。

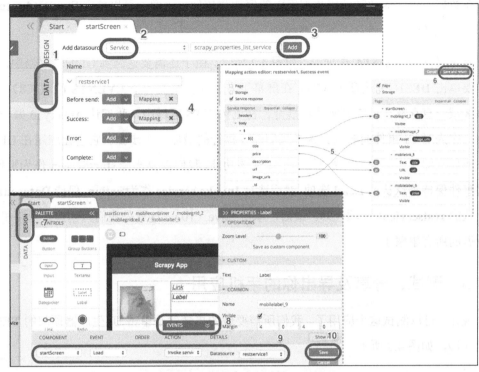

图 4.7 将数据映射到用户界面

表 4.2

响应	组件	属性	备注
$[i]	mobilegrid_2		使用 for 循环创建每一行
title	mobilelink_8	Text	设置链接文本
price	mobilelabel_9	Text	在文本域中设置价格
image_ urls	mobileimage_7	Asset	从图片容器的 URL 中加载图片
url	mobilelink_8	URL	为链接设置 URL。当用户单击时，将会加载关联的页面

4.4.4 数据库字段与用户界面控件间映射

表 4.2 中项的数量可能会与你的情况有些许差别，不过由于每种控件都只有一个，因此出错的可能性非常小。通过设置这些映射，我们通知 Appery.io 在后台编写所有代码，

以便在数据库查询成功时使用数据库中的值加载控件。下面，可以单击 **Save and return** 按钮（6）继续。

此时又回到了 **DATA** 选项卡，如图 4.7 所示。由于还需要返回到 UI 编辑器当中，因此需要单击 **DESIGN** 选项卡（7）。在屏幕下方，你会发现一个 **EVENTS** 区域（8），尽管该区域一直存在，但它刚刚才被展开。在 **EVENTS** 区域中，我们让 Appery.io 做一些事情，作为对 UI 事件的响应。这是我们需要执行的最后一个步骤。它会让应用在 UI 加载完成后立即调用服务取回数据。为了实现该功能，我们需要选择 **startScreen** 作为组件，并将事件保持为默认的 **Load** 选项。然后选择 **Invoke service** 作为 **action**，保持 **Datasource** 为默认的 **restservice1** 选项（9）。最后，单击 **Save**（10），这就是我们为创建这个手机应用所做的所有事情了。

4.4.5　测试、分享及导出你的手机应用

现在，可以测试这个应用了。我们所需要做的事情就是单击 UI 生成器顶部的 **TEST** 按钮（1），如图 4.8 所示。

图 4.8　运行在你浏览器中的手机应用

手机应用将会在浏览器中运行。这些链接都是有效的（2），可以浏览。可以预览不同的手机屏幕方案以及设备方向，也可以单击 **View on Phone** 按钮，此时会显示一个二维码，你可以使用移动设备扫描该二维码，并预览该应用。你只需分享其生成的链接，其他人也可以在他们的浏览器中尝试该应用。

只需单击几下，我们就可以以将 Scrapy 抓取的数据组织起来，并展示在手机应用中。如果你需要更进一步地定制该应用，可以参考 Appery.io 提供的教程，其网址为 `http://devcenter.appery.io/tutorials/`。当一切准备就绪时，就可以通过 **EXPORT** 按钮导出该应用了，Appery.io 提供了非常丰富的导出选项，如图 4.9 所示。

图 4.9　你可以将应用导出到大部分主流移动平台

你可以导出项目文件，在自己喜欢的 IDE 中进一步开发；也可以获得二进制文件，发布到各个平台的手机市场当中。

4.5　本章小结

使用 Scrapy 和 Appery.io 这两个工具，我们拥有了一个可以抓取网站并且能够将数据插入到数据库中的系统。此外，我们还得到了 RESTful API，以及一个简单的可以用于 Android 和 iOS 的手机应用。对于高级特性和进一步开发，你可以更加深入到这些平台中，将其中部分开发工作外包给领域专家，或是研究替代方案。现在，你只需要最少的编码，就能够拥有一个可以演示应用理念的最小产品。

你会注意到，在如此短的开发时间中，我们的应用看起来还不错。这是因为它使用了真实的数据，而不是占位符，并且所有链接都是可用且有意义的。我们成功创建了一个尊重其生态（源网站）的最小可用产品，并以流量的形式将价值回馈给源网站。

现在，我们可以开始学习如何使用 Scrapy 爬虫在更加复杂的场景下抽取数据了。

第 5 章
迅速的爬虫技巧

第 3 章关注的是如何从页面中抽取信息，并将其存储到 Items 中。我们所学习的内容已经覆盖了大部分常见的 Scrapy 用例，足够你创建并运行爬虫了。而在本章中，我们将看到更多特殊的例子，以便让你更加熟悉 Scrapy 的两个最重要的类——Request 和 Response，即我们在第 3 章中提到的 UR^2IM 抓取模型中的两个 R。

5.1 需要登录的爬虫

通常情况下，你会发现自己想要抽取数据的网站存在登录机制。大部分情况下，网站会要求你提供用户名和密码用于登录。你可以从 http://web:9312/dynamic（从 dev 机器访问）或 http://localhost:9312/ dynamic（从宿主机浏览器访问）找到我们要使用的例子。如果使用"user"作为用户名，"pass"作为密码的话，你就可以访问到包含 3 个房产页面链接的网页。不过现在的问题是，要如何使用 Scrapy 执行相同的操作？

让我们使用 Google Chrome 浏览器的开发者工具来尝试理解登录的工作过程（见图 5.1）。首先，打开 **Network** 选项卡（1）。然后，填写用户名和密码，并单击 **Login**（2）。如果用户名和密码正确，你将会看到包含 3 个链接的页面。如果用户名和密码不匹配，将会看到一个错误页。

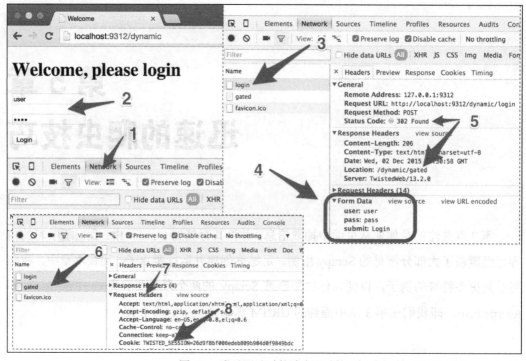

图 5.1　登录网站时的请求和响应

当按下 **Login** 按钮时，会在 Google Chrome 浏览器开发者工具的 **Network** 选项卡中看到一个包含 **Request Method: POST** 的请求，其目的地址为 `http://localhost:9312/dynamic/login`。

> 前面章节中的请求都是 GET 类型的请求，一般用于获取不会改变的数据，比如简单的网页、图像等。而 POST 类型的请求通常用于获取那些依赖于传送给服务器内容的数据，比如本例中的用户名和密码。

当你单击该请求时（3），可以看到发送给服务端的数据，包括 **Form Data**（4），其中包含了我们输入的用户名和密码。这些数据都是以文本形式传输给服务端的。Chrome 浏览器只是将其组织起来，向我们更好地显示这些数据。服务端的响应是 **302 Found**（5），使我们跳转到一个新的页面：`/dynamic/gated`。该页面只有在登录成功后才会出现。

如果尝试直接访问 `http://localhost:9312/dynamic/gated`，而不输入正确的用户名和密码的话，服务端会发现你在作弊，并跳转到错误页，其地址是 `http://localhost:9312/dynamic/error`。服务端是如何知道你和你的密码的呢？如果你单击开发者工具左侧的 **gated**（6），就会发现在 **Request Headers** 区域下面（7）设置了一个 **Cookie** 值（8）。

> HTTP Cookie 是一些服务端发送给浏览器的文本或数值，通常都很短。相应地，浏览器会在随后的每个请求中将其返回给服务端，用于标识你、用户和会话。这样你就可以执行需要服务端状态信息的复杂操作了，比如购物车里的商品或你的用户名和密码。

总之，即使是一个单一的操作，比如登录，也可能涉及包括 POST 请求和 HTTP 跳转的多次服务端往返。Scrapy 能够自动处理大部分操作，而我们需要编写的代码也很简单。

我们从第 3 章中名为 `easy` 的爬虫开始，创建一个新的爬虫，命名为 `login`，保留原有文件，并修改爬虫中的 `name` 属性（如下所示）：

```
class LoginSpider(CrawlSpider):
    name = 'login'
```

> 本章代码在 **GitHub** 的 ch05 目录下，其中本示例为 ch05/properties。

我们需要通过执行到 `http://localhost:9312/dynamic/login` 的 POST 请求，发送登录的初始请求。这将通过 **Scrapy** 的 `FormRequest` 类实现该功能。该类与第 3 章中使用的 `Request` 类相似，不过该类额外包含一个 `formdata` 参数，可以使用该参数传输表单数据（`user` 和 `pass`）。要想使用该类，首先需要引入如下模块。

```
from scrapy.http import FormRequest
```

然后，将 `start_urls` 语句替换为 `start_requests()` 方法。这样做是因为在本例中，我们需要从一些更加定制化的请求开始，而不仅仅是几个 URL。更确切地说就是，我们从该函数中创建并返回一个 FormRequest。

```
# Start with a login request
def start_requests(self):
    return [
        FormRequest(
            "http://web:9312/dynamic/login",
            formdata={"user": "user", "pass": "pass"}
            )]
```

虽然听起来不可思议,但是 CrawlSpider(LoginSpider 的基类)默认的 parse()
方法确实处理了 Response,并且仍然能够使用第 3 章中的 Rule 和 LinkExtractor。
我们只编写了非常少的额外代码,这是因为 Scrapy 为我们透明处理了 Cookie,并且一旦
我们登录成功,就会在后续的请求中传输这些 Cookie,就和浏览器执行的方式一样。接
下来可以像平常一样,使用 scrapy crwal 运行。

```
$ scrapy crawl login
INFO: Scrapy 1.0.3 started (bot: properties)
...
DEBUG: Redirecting (302) to <GET .../gated> from <POST .../login >
DEBUG: Crawled (200) <GET .../data.php>
DEBUG: Crawled (200) <GET .../property_000001.html> (referer: .../data.
php)
DEBUG: Scraped from <200 .../property_000001.html>
{'address': [u'Plaistow, London'],
 'date': [datetime.datetime(2015, 11, 25, 12, 7, 27, 120119)],
 'description': [u'features'],
 'image_urls': [u'http://web:9312/images/i02.jpg'],
...
INFO: Closing spider (finished)
INFO: Dumping Scrapy stats:
  {...
    'downloader/request_method_count/GET': 4,
    'downloader/request_method_count/POST': 1,
...
    'item_scraped_count': 3,
```

我们可以在日志中看到从 dynamic/login 到 dynamic/gated 的跳转,然后就
会像平时那样抓取 Item 了。在统计中,可以看到 1 个 POST 请求和 4 个 GET 请求(一
个是前往 dynamic/gated 索引页,另外 3 个是房产页面)。

> 本例中，我们没有保护房产页面本身，而是只保护了到这些页面的链接。无论哪种情况，前面的代码都是适用的。

　　如果使用了错误的用户名和密码，将会跳转到一个没有任何项目的页面，并且此时爬取过程会被终止，如下面的执行情况所示。

```
$ scrapy crawl login
INFO: Scrapy 1.0.3 started (bot: properties)
...
DEBUG: Redirecting (302) to <GET .../dynamic/error > from <POST .../
dynamic/login>
DEBUG: Crawled (200) <GET .../dynamic/error>
...
INFO: Spider closed (closespider_itemcount)
```

　　这是一个简单的登录示例，用于演示基本的登录机制。大多数网站都会拥有一些更加复杂的机制，不过 Scrapy 也都能够轻松处理。比如，一些网站要求你在执行 POST 请求时，将表单页中的某些表单变量传输到登录页，以便确认 Cookie 是启用的，同样也会让你在尝试暴力破解成千上万次用户名/密码的组合时更加困难。图 5.2 所示即为此种情况的一个示例。

图 5.2　使用一次性随机数的一个更加高级的登录示例的请求和响应情况

比如，当访问 http://localhost:9312/dynamic/nonce 时，你会看到一个看起来一样的页面，但是当使用 Chrome 浏览器的开发者工具查看时，会发现页面的表单中有一个叫作 **nonce** 的隐藏字段。当提交该表单时（提交到 http://localhost:9312/dynamic/nonce-login），除非你既传输了正确的用户名/密码，又提交了服务端在你访问该登录页时给你的 nonce 值，否则登录不会成功。你无法猜测该值，因为它通常是随机且一次性的。这就表示要想成功登录，现在就需要请求两次了。你必须先访问表单页，然后再访问登录页传输数据。当然，Scrapy 同样拥有内置函数可以帮助我们实现这一目的。

我们创建了一个和之前相似的 NonceLoginSpider 爬虫。现在，在 start_requests() 中，将返回一个简单的 Request（不要忘记引入该模块）到表单页面中，并通过设置其 callback 属性为处理方法 parse_welcome() 手动处理响应。在 parse_welcome() 中，使用了 FormRequest 对象的辅助方法 from_response()，以创建从原始表单中预填充所有字段和值的 FormRequest 对象。FormRequest.from_response() 粗略模拟了一次在页面的第一个表单上的提交单击，此时所有字段留空。

 花费一些时间让自己熟悉 from_response() 的文档是值得的。它有很多非常有用的功能，如 formname 和 formnumber 可以帮助你在拥有多个表单的页面上选择其中某个表单。

该方法对于我们来说非常有用，因为它能够毫不费力地原样包含表单中的所有隐藏字段。我们所需要做的就是使用 formdata 参数填充 user 和 pass 字段以及返回 FormRequest。下面是其相关代码。

```
# Start on the welcome page
def start_requests(self):
    return [
        Request(
            "http://web:9312/dynamic/nonce",
            callback=self.parse_welcome)
    ]
```

```
# Post welcome page's first form with the given user/pass
def parse_welcome(self, response):
    return FormRequest.from_response(
        response,
        formdata={"user": "user", "pass": "pass"}
    )
```

我们可以像平时一样运行爬虫。

```
$ scrapy crawl noncelogin
INFO: Scrapy 1.0.3 started (bot: properties)
...
DEBUG: Crawled (200) <GET .../dynamic/nonce>
DEBUG: Redirecting (302) to <GET .../dynamic/gated > from <POST .../
dynamic/login-nonce>
DEBUG: Crawled (200) <GET .../dynamic/gated>
...
INFO: Dumping Scrapy stats:
  {...
   'downloader/request_method_count/GET': 5,
   'downloader/request_method_count/POST': 1,
...
   'item_scraped_count': 3,
```

可以看到，第一个 GET 请求前往/dynamic/nonce 页面，然后是 POST 请求，跳转到/dynamic/nonce-login 页面，之后像前面的例子一样跳转到/dynamic/gated 页面。关于登录的讨论就到这里。该示例使用两个步骤完成登录。只要你有足够的耐心，就可以形成任意长链，来执行几乎所有的登录操作。

5.2 使用 JSON API 和 AJAX 页面的爬虫

有时，你会发现自己在页面寻找的数据无法从 HTML 页面中找到。比如，当访问 http://localhost:9312/static/时（见图 5.3），在页面任意位置右键单击 **inspect element**(1, 2)，可以看到其中包含所有常见 HTML 元素的 DOM 树。但是，当你使用 scrapy shell 请求，或是在 Chrome 浏览器中右键单击 **View Page Source**（3, 4）时，则会发现该页面的 HTML 代码中并不包含关于房产的任何信息。那么，这些数据是从哪里来的呢？

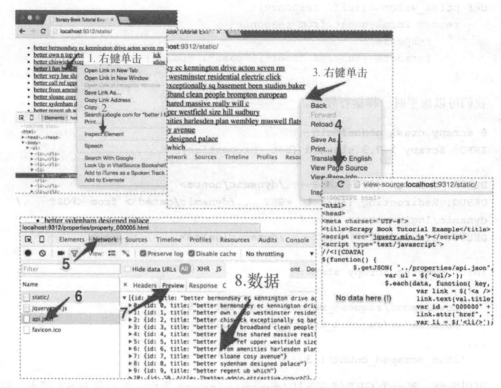

图 5.3　动态加载 JSON 对象时的页面请求与响应

与平常一样，遇到这类例子时，下一步操作应当是打开 Chrome 浏览器开发者工具的 **Network** 选项卡，来看看发生了什么。在左侧的列表中，可以看到加载本页面时 Chrome 执行的请求。在这个简单的页面中，只有 3 个请求：**static/**是刚才已经检查过的请求；**jquery.min.js** 用于获取一个流行的 Javascript 框架的代码；而 **api.json** 看起来会让我们产生兴趣。当单击该请求（6），并单击右侧的 **Preview** 选项卡（7）时，就会发现这里面包含了我们正在寻找的数据。实际上，`http://localhost:9312/properties/api.json`包含了房产的 **ID** 和名称（8），如下所示。

```
[{
    "id": 0,
    "title": "better set unique family well"
},
... {
```

```
        "id": 29,
        "title": "better portered mile"
}]
```

这是一个非常简单的 JSON API 的示例。更复杂的 API 可能需要你登录，使用 POST 请求，或返回更有趣的数据结构。无论在哪种情况下，JSON 都是最简单的解析格式之一，因为你不需要编写任何 XPath 表达式就可以从中抽取出数据。

Python 提供了一个非常好的 JSON 解析库。当我们执行 import json 时，就可以使用 json.loads(response.body) 解析 JSON，将其转换为由 Python 原语、列表和字典组成的等效 Python 对象。

我们将第 3 章的 manual.py 拷贝过来，用于实现该功能。在本例中，这是最佳的起始选项，因为我们需要通过在 JSON 对象中找到的 ID，手动创建房产 URL 以及 Request 对象。我们将该文件重命名为 api.py，并将爬虫类重命名为 ApiSpider，name 属性修改为 api。新的 start_urls 将会是 JSON API 的 URL，如下所示。

```
start_urls = (
    'http://web:9312/properties/api.json',
)
```

如果你想执行 POST 请求，或是更复杂的操作，可以使用前一节中介绍的 start_requests() 方法。此时，Scrapy 将会打开该 URL，并调用包含以 Response 为参数的 parse() 方法。可以通过 import json，使用如下代码解析 JSON 对象。

```
def parse(self, response):
    base_url = "http://web:9312/properties/"
    js = json.loads(response.body)
    for item in js:
        id = item["id"]
        url = base_url + "property_%06d.html" % id
        yield Request(url, callback=self.parse_item)
```

前面的代码使用了 json.loads(response.body)，将 Response 这个 JSON 对象解析为 Python 列表，然后迭代该列表。对于列表中的每一项，我们将 URL 的 3 个部分（base_url、property_%06d 以及 .html）组合到一起。base_url 是在前面定义的 URL 前缀。%06d 是 Python 语法中非常有用的一部分，它可以让我们结合 Python

变量创建新的字符串。在本例中，%06d 将会被变量 id 的值替换（本行结尾处%后面的变量）。id 将会被视为数字（%d 表示视为数字），并且如果不满 6 位，则会在前面加上 0，扩展成 6 位字符。比如，id 值为 5，%06d 将会被替换为 000005，而如果 id 为 34322，%06d 则会被替换为 034322。最终结果正是我们房产页面的有效 URL。我们使用该 URL 形成一个新的 Request 对象，并像第 3 章一样使用 yield。然后可以像平时那样使用 scrapy crawl 运行该示例。

```
$ scrapy crawl api
INFO: Scrapy 1.0.3 started (bot: properties)
...
DEBUG: Crawled (200) <GET ...properties/api.json>
DEBUG: Crawled (200) <GET .../property_000029.html>
...
INFO: Closing spider (finished)
INFO: Dumping Scrapy stats:
...
    'downloader/request_count': 31, ...
    'item_scraped_count': 30,
```

你可能会注意到结尾处的状态是 31 个请求——每个 Item 一个请求，以及最初的 api.json 的请求。

5.2.1　在响应间传参

很多情况下，在 JSON API 中会有感兴趣的信息，你可能想要将它们存储到 Item 中。在我们的示例中，为了演示这种情况，JSON API 会在给定房产信息的标题前面加上 "better"。比如，房产标题是"Covent Garden"，API 就会将标题写为"Better Covent Garden"。假设我们想要将这些"better"开头的标题存储到 Items 中，要如何将信息从 parse() 方法传递到 parse_item() 方法呢？

不要感到惊讶，通过在 parse() 生成的 Request 中设置一些东西，就能实现该功能。之后，可以从 parse_item() 接收到的 Response 中取得这些信息。Request 有一个名为 meta 的字典，能够直接访问 Response。比如在我们的例子中，可以在该字典中设置标题值，以存储来自 JSON 对象的标题。

```
title = item["title"]
yield Request(url, meta={"title": title},callback=self.parse_item)
```

在 parse_item() 内部，可以使用该值替代之前使用过的 **XPath** 表达式。

```
l.add_value('title', response.meta['title'],
            MapCompose(unicode.strip, unicode.title))
```

你会发现我们不再调用 add_xpath()，而是转为调用 add_value()，这是因为我们在该字段中将不会再使用到任何 **XPath** 表达式。现在，可以使用 scrapy crawl 运行这个新的爬虫，并且可以在 PropertyItems 中看到来自 api.json 的标题。

5.3 30 倍速的房产爬虫

有这样一种趋势，当你开始使用一个框架时，做任何事情都可能会使用最复杂的方式。你在使用 Scrapy 时也会发现自己在做这样的事情。在疯狂于 XPath 等技术之前，值得停下来想一想：我选择的方式是从网站中抽取数据最简单的方式吗？

如果你能从索引页中抽取出基本相同的信息，就可以避免抓取每个房源页，从而得到数量级的提升。

 请记住，很多网站在其索引页中提供了不同的项目数量选择。比如，一个网站可能允许你通过调整参数指定每个索引页显示的房源数是 10、50 还是 100，如&show=50。显然，如果是这样的情况，就可以将该参数设置为允许的最大值。

比如，在房产示例中，我们所需要的所有信息都存在于索引页中，包括标题、描述、价格和图片。这就意味着只抓取一个索引页，就能抽取其中的 30 个条目以及前往下一页的链接。通过爬取 100 个索引页，我们只需要 100 个请求，而不是 3000 个请求，就能够得到 3000 个条目。太棒了！

在真实的 Gumtree 网站中，索引页的描述信息要比列表页中完整的描述信息稍短一些。不过此时这种抓取方式可能也是可行的，甚至也能令人满意。

在许多情况下，我们将不得不权衡数据质量与请求数量的关系。很多源都会限制大量的请求（后续章节会遇到更多此类问题），因此在索引中获取也可能帮助我们解决其他难题。

在我们的例子中，当查看任何一个索引页的 HTML 代码时，就会发现索引页中的每个房源都有其自己的节点，并使用 `itemtype="http:// schema. org/Product"` 来表示。在该节点中，我们拥有与详情页完全相同的方式为每个属性注解的所有信息，如图 5.4 所示。

图 5.4　从单一索引页抽取多个房产信息

我们在 Scrapy shell 中加载第一个索引页，并使用 XPath 表达式进行测试。

```
$ scrapy shell http://web:9312/properties/index_00000.html
```

在 Scrapy shell 中，尝试选取所有带有 Product 标签的内容：

```
>>> p=response.xpath('//*[@itemtype="http://schema.org/Product"]')
>>> len(p)
30
>>> p
```

```
[<Selector xpath='//*[@itemtype="http://schema.org/Product"]' data=u'<li
class="listing-maxi" itemscopeitemt'...]
```

可以看到我们得到了一个包含 30 个 Selector 对象的列表，每个对象指向一个房源。在某种意义上，Selector 对象与 Response 对象有些相似，我们可以在其中使用 XPath 表达式，并且只从它们指向的地方获取信息。唯一需要说明的是，这些表达式应该是相对 XPath 表达式。相对 XPath 表达式与我们之前看到的基本一样，不过在前面增加了一个'.'点号。举例说明，让我们看一下使用 `.//*[@itemprop="name"][1]/text()` 这个相对 XPath 表达式，从第 4 个房源抽取标题时是如何工作的。

```
>>> selector = p[3]
>>> selector
<Selector xpath='//*[@itemtype="http://schema.org/Product"]' ... '>
>>> selector.xpath('.//*[@itemprop="name"][1]/text()').extract()
[u'l fun broadband clean people brompton european']
```

可以在 Selector 对象的列表中使用 for 循环，抽取索引页中全部 30 个条目的信息。

为了实现该目的，我们再一次从第 3 章的 manual.py 着手，将爬虫重命名为"fast"，并重命名文件为 fast.py。我们将复用大部分代码，只在 parse() 和 parse_items() 方法中进行少量修改。最新方法的代码如下。

```
def parse(self, response):
    # Get the next index URLs and yield Requests
    next_sel = response.xpath('//*[contains(@class,"next")]//@href')
    for url in next_sel.extract():
        yield Request(urlparse.urljoin(response.url, url))

    # Iterate through products and create PropertiesItems
    selectors = response.xpath(
        '//*[@itemtype="http://schema.org/Product"]')
    for selector in selectors:
        yield self.parse_item(selector, response)
```

在代码的第一部分中，对前往下一个索引页的 Request 的 yield 操作的代码没有变化。唯一改变的内容在第二部分，不再使用 yield 为每个详情页创建请求，而是迭代选择器并调用 parse_item()。其中，parse_item() 的代码也和原始代码非常相似，如下所示。

```
def parse_item(self, selector, response):
    # Create the loader using the selector
    l = ItemLoader(item=PropertiesItem(), selector=selector)

    # Load fields using XPath expressions
    l.add_xpath('title', './/*[@itemprop="name"][1]/text()',
                MapCompose(unicode.strip, unicode.title))
    l.add_xpath('price', './/*[@itemprop="price"][1]/text()',
                MapCompose(lambda i: i.replace(',', ''), float),
                re='[,.0-9]+')
    l.add_xpath('description',
                './/*[@itemprop="description"][1]/text()',
                MapCompose(unicode.strip), Join())
    l.add_xpath('address',
                './/*[@itemtype="http://schema.org/Place"]'
                '[1]/*/text()',
                MapCompose(unicode.strip))
    make_url = lambda i: urlparse.urljoin(response.url, i)
    l.add_xpath('image_urls', './/*[@itemprop="image"][1]/@src',
                MapCompose(make_url))

    # Housekeeping fields
    l.add_xpath('url', './/*[@itemprop="url"][1]/@href',
                MapCompose(make_url))
    l.add_value('project', self.settings.get('BOT_NAME'))
    l.add_value('spider', self.name)
    l.add_value('server', socket.gethostname())
    l.add_value('date', datetime.datetime.now())

    return l.load_item()
```

我们所做的细微变更如下所示。

- ItemLoader 现在使用 selector 作为源，而不再是 Response。这是 ItemLoader API 一个非常便捷的功能，能够让我们从当前选取的部分（而不是整个页面）抽取数据。

- XPath 表达式通过使用前缀点号（.）转为相对 XPath。

> 比较巧合的是，在我们的例子中，索引页和详情页中的 XPath
> 表达式是一样的。实际情况并不总是这样，你可能需要重新开
> 发 XPath 表达式，以匹配索引页的结构。

- 我们必须自己编辑 Item 的 URL。之前，response.url 已经给出了房源页的
  URL。而现在，它给出的是索引页的 URL，因为该页面才是我们要爬取的。我
  们需要使用熟悉的 .//*[@itemprop= "url"][1]/@href 这个 XPath 表达
  式抽取出房源的 URL，然后使用 MapCompose 处理器将其转换为绝对 URL。

小的改变能够节省巨大的工作量。现在，我们可以使用如下代码运行该爬虫。

```
$ scrapy crawl fast -s CLOSESPIDER_PAGECOUNT=3
...
INFO: Dumping Scrapy stats:
   'downloader/request_count': 3, ...
   'item_scraped_count': 90,...
```

和预期一样，只用了 3 个请求，就抓取了 90 个条目。如果我们没有在索引页中获取
到的话，则需要 93 个请求。这种方式太明智了！

如果你想使用 scrapy parse 进行调试，那么现在必须设置 spider 参数，如下
所示。

```
$ scrapy parse --spider=fast http://web:9312/properties/index_00000.html
...
>>> STATUS DEPTH LEVEL 1 <<<
# Scraped Items ------------------------------------------
[{'address': [u'Angel, London'],
... 30 items...
# Requests -----------------------------------------------
[<GET http://web:9312/properties/index_00001.html>]
```

正如期望的那样，parse() 返回了 30 个 Item 以及一个前往下一索引页的
Request。请使用 scrapy parse 随意试验，比如传输 --depth=2。

5.4　基于 Excel 文件爬取的爬虫

大多数情况下，每个源网站只会有一个爬虫；不过在某些情况下，你想要抓取的数据来自多个网站，此时唯一变化的东西就是所使用的 XPath 表达式。对于此类情况，如果为每个网站都使用一个爬虫则显得有些小题大做。那么可以只使用一个爬虫来爬取所有这些网站吗？答案是肯定的。

让我们为该实验创建一个新的爬虫，因为这次爬取的条目会和之前区别很大（实际上我们还没有在该项目中定义任何东西！）。假设此时在 ch05 下的 properties 目录中。让我们向上一层，如下面的代码所示进行操作。

```
$ pwd
/root/book/ch05/properties
$ cd ..
$ pwd
/root/book/ch05
```

我们创建了一个名为 generic 的新项目，以及一个名为 fromcsv 的爬虫。

```
$ scrapy startproject generic
$ cd generic
$ scrapy genspider fromcsv example.com
```

现在，创建一个 .csv 文件，其中包含想要抽取的信息。可以使用一个电子表格程序，比如 Microsoft Excel，来创建这个 .csv 文件。填入如图 5.5 所示的几个 URL 和 XPath 表达式，然后将其命名为 todo.csv，保存到爬虫目录当中（scrapy.cfg 所在目录）。要想保存为 .csv 文件，需要在保存对话框中选择 CSV 文件（Windows）作为文件格式。

	A	B	C
1	url	name	price
2	http://web:9312/static/a.html	//*[@id="itemTitle"]/text()	//*[@id="prclsum"]/text()
3	http://web:9312/static/b.html	//h1/text()	//span/strong/text()
4	http://web:9312/static/c.html	//*[@id="product-desc"]/span/text()	

图 5.5　包含 URL 和 XPath 表达式的 todo.csv

很好！如果一切都已就绪，你就可以在终端上看到该文件。

```
$ cat todo.csv
url,name,price
a.html,"//*[@id=""itemTitle""]/text()","//*[@id=""prcIsum""]/text()"
b.html,//h1/text(),//span/strong/text()
c.html,"//*[@id=""product-desc""]/span/text()"
```

Python 有一个用于处理 .csv 文件的内置库。只需通过 import csv 导入模块，然后就可以使用如下这些直截了当的代码，以字典的形式读取文件中的所有行了。在当前目录下打开 Python 提示符，就可以尝试如下代码。

```
$ pwd
/root/book/ch05/generic2
$ python
>>> import csv
>>> with open("todo.csv", "rU") as f:
        reader = csv.DictReader(f)
        for line in reader:
            print line
```

文件中的第一行会被自动作为标题行处理，并且会根据它们得出字典中键的名称。在接下来的每一行中，会得到一个包含行内数据的字典。我们使用 for 循环迭代每一行。当运行前面的代码时，可以得到如下输出。

```
{'url': ' http://a.html', 'price': '//*[@id="prcIsum"]/text()',
'name': '//*[@id="itemTitle"]/text()'}
{'url': ' http://b.html', 'price': '//span/strong/text()', 'name': '//
h1/text()'}
{'url': ' http://c.html', 'price': '', 'name': '//*[@id="product-
desc"]/span/text()'}
```

非常好。现在，可以编辑 generic/spiders/fromcsv.py 这个爬虫了。我们将会用到 .csv 文件中的 URL，并且不希望有任何域名限制。因此，首先要做的事情就是移除 start_urls 以及 allowed_domains，然后读取 .csv 文件。

由于我们事先并不知道想要起始的 URL，而是从文件中读取得到的，因此需要实现一个 start_requests() 方法。对于每一行，创建 Request，然后对其进行 yield 操作。此外，还会在 reqeust.meta 中存储来自 csv 文件的字段名称和 **XPath** 表达式，以便在 parse() 函数中使用它们。然后，使用 Item 和 ItemLoader 填充 Item 的字段。下面是完整的代码。

```python
import csv
import scrapy
from scrapy.http import Request
from scrapy.loader import ItemLoader
from scrapy.item import Item, Field

class FromcsvSpider(scrapy.Spider):
    name = "fromcsv"

    def start_requests(self):
        with open("todo.csv", "rU") as f:
            reader = csv.DictReader(f)
            for line in reader:
                request = Request(line.pop('url'))
                request.meta['fields'] = line
                yield request

    def parse(self, response):
        item = Item()
        l = ItemLoader(item=item, response=response)
        for name, xpath in response.meta['fields'].iteritems():
            if xpath:
                item.fields[name] = Field()
                l.add_xpath(name, xpath)
        return l.load_item()
```

接下来开始爬取，并将结果输出到 out.csv 文件中。

```
$ scrapy crawl fromcsv -o out.csv
INFO: Scrapy 0.0.3 started (bot: generic)
...
DEBUG: Scraped from <200 a.html>
{'name': [u'My item'], 'price': [u'128']}
DEBUG: Scraped from <200 b.html>
{'name': [u'Getting interesting'], 'price': [u'300']}
DEBUG: Scraped from <200 c.html>
{'name': [u'Buy this now']}
...
INFO: Spider closed (finished)
$ cat out.csv
price,name
128,My item
300,Getting interesting
,Buy this now
```

正如爬取得到的结果一样，非常简洁直接！

在代码中，你可能已经注意到了几个事情。由于我们没有为该项目定义系统范围的 `Item`，因此必须像如下代码这样手动为 `ItemLoader` 提供。

```
item = Item()
l = ItemLoader(item=item, response=response)
```

此外，我们还使用了 `Item` 的成员变量 `fields` 动态添加字段。为了能够动态添加新字段，并通过 `ItemLoader` 对其进行填充，需要实现的代码如下。

```
item.fields[name] = Field()
l.add_xpath(name, xpath)
```

最后，还可以使代码更加好看。硬编码 `todo.csv` 文件名不是一个非常好的实践。Scrapy 提供了一个非常便捷的方法，用于传输参数到爬虫当中。当传输一个命令行参数 `-a` 时（比如：`-a variable=value`），就会为我们设置一个爬虫属性，并且可以通过 `self.variable` 取得该值。为了检查变量，并在未提供该变量时使用默认值，可以使用 **Python** 的 `getattr()` 方法：`getattr(self, 'variable', 'default')`。总之，我们将原来的 `with open…` 语句替换为如下语句。

```
with open(getattr(self, "file", "todo.csv"), "rU") as f:
```

现在，除非明确使用 `-a` 参数设置源文件名，否则将会使用 `todo.csv` 作为其默认值。当给出另一个文件 `another_todo.csv` 时，可以按如下方式运行。

```
$ scrapy crawl fromcsv -a file=another_todo.csv -o out.csv
```

5.5　本章小结

本章深入讨论了 Scrapy 爬虫的内部机制。我们学习了使用 `FormRequest` 进行登录，使用 `Request/Response` 的 `meta` 属性传输变量，使用相对 XPath 表达式和 `Selector`，以及使用 `.csv` 文件作为源等。

接下来，第 6 章会讲解如何将爬虫部署到 Scrapinghub 云上，第 7 章将继续深入 Scrapy 的设置。

第 6 章
部署到 Scrapinghub

在前面的几章中，我们了解了如何开发 Scrapy 爬虫。当我们对爬虫的功能感到满意时，接下来会有两个选项。如果我们需要的只是使用它们执行简单的抓取工作，那么此时使用开发机运行即可。而另一方面，更常见的情况是需要周期性地运行抓取任务，此时可以使用云服务器，如 Amazon、RackSpace 或其他提供商，不过这些都需要创建、配置和维护工作。此时就是 Scrapinghub 发挥作用的时候了。

Scrapinghub 是 Scrapy 托管的 Amazon 服务器，它是由 Scrapy 开发者创建的 Scrapy 云基础设施提供商。它是一个付费服务，不过也提供了免费方案。如果你想在几分钟内，就能够让 Scrapy 爬虫运行在专业的创建和维护环境中的话，那么本章非常适合你。

6.1　注册、登录及创建项目

第一步是在 http://scrapinghub.com/ 上面创建账号。我们所需填写的只有邮箱地址和密码。在单击确认邮件的链接后，就可以登录到其服务中。我们可以看到的第一个页面是个人面板。目前，我们还没有任何项目，因此现在单击 **+Service** 按钮（1）来创建一个项目，如图 6.1 所示。

将项目命名为 properties（2），然后单击 **Create** 按钮（3）。之后，单击主页的 **new** 链接（4）打开该项目。

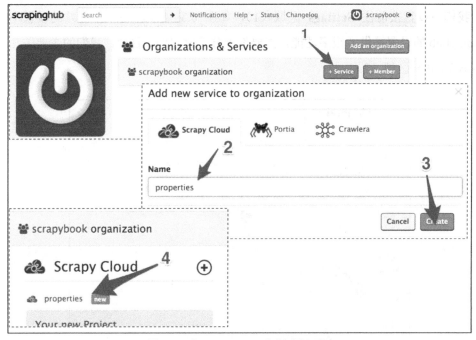

图 6.1　在 scrapinghub 上创建新项目

　　项目面板是项目中最重要的页面。在左侧的菜单中，可以看到几个区域，如图 6.2 所示。**Jobs** 和 **Spiders** 区域分别提供关于运行和爬虫的信息。**Periodic Jobs** 允许我们计划定期爬取任务。而另外 4 个区域目前来说对我们没有那么有用。

图 6.2　主菜单

我们可以直接前往 **Settings** 区域（1），如图 6.3 所示。与很多网站的设置不同，Scrapinghub 的设置提供了很多功能，需要你十分了解它们。目前，我们的主要关注点是 **Scrapy Deploy** 区域（2）。

图 6.3　爬虫部署设置

6.2　部署爬虫与计划运行

我们将直接从开发机进行部署。要想实现这一目标，只需将 **Scrapy Deploy** 页面中的代码（3）拷贝到项目中的 `scrapy.cfg` 文件中，替换掉默认的 `[deploy]` 区域即可。你会注意到我们并不需要设置密码。我们将使用第 4 章中的房产项目作为示例，使用该爬虫的原因是目标数据需要能够在网络上访问到，和第 4 章使用的情况一样。在使用它之前，需要恢复原始的 `settings.py` 文件，移除和 Appery.io 管道相关的引用。

 本章代码在 `ch06` 目录中。其中，该示例位于 `ch06/`
`properties` 目录中。

```
$ pwd
/root/book/ch06/properties
$ ls
properties scrapy.cfg
$ cat scrapy.cfg
...

[settings]
default = properties.settings

# Project: properties
[deploy]
url = http://dash.scrapinghub.com/api/scrapyd/
username = 180128bc7a0.....50e8290dbf3b0
password =
project = 28814
```

为了部署爬虫,还需要使用 Scrapinghub 提供的 shub 工具。可以通过 pip install shub 安装该工具,不过我们已经在开发机中已经安装好该工具了。可以使用下述方法登录 Scrapinghub。

```
$ shub login
Insert your Scrapinghub API key : 180128bc7a0.....50e8290dbf3b0
Success.
```

我们已经将 API key 复制到 scrapy.cfg 文件中了,不过也可以通过单击 Scrapinghub 网站右上角的用户名,再单击 **API Key** 找到该值。无论如何,现在我们已经准备好使用 shub deploy 部署爬虫了。

```
$ shub deploy
Packing version 1449092838
Deploying to project "28814" in {"status": "ok", "project": 28814,
"version": "1449092838", "spiders": 1}
Run your spiders at: https://dash.scrapinghub.com/p/28814/
```

Scrapy 将本项目中的所有爬虫打包,并上传到 Scrapinghub 当中。可以注意到,此时产生了两个新目录和一个新文件。这些只是辅助文件,如果不需要的话,可以安全地删除它们,不过通常情况下没必要在意它们。

```
$ ls
build project.egg-info properties scrapy.cfgsetup.py
$ rm -rf build project.egg-info setup.py
```

现在，当单击 Scrapinghub 的 **Spiders** 区域（1）时，可以找到刚刚部署的 **tomobile** 爬虫，如图 6.4 所示。

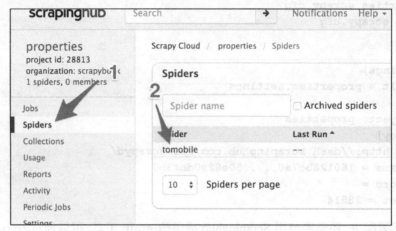

图 6.4　选择爬虫

当单击它时（2），会进入到爬虫面板，如图 6.5 所示。该面板中包含大量信息，不过目前我们需要做的就是单击右上角的 **Schedule** 按钮（3），然后在弹出的对话框中再次单击 **Schedule** 按钮（4）。

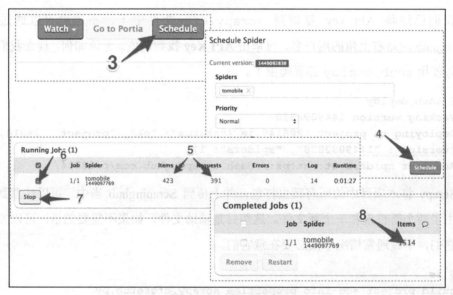

图 6.5　计划爬虫运行

几秒钟之后，可以在页面中的 **Running Jobs** 区域看到新的一行，之后 **Requests** 和 **Items** 的数值（5）开始不断增长。

> 与开发时的运行速度相比，此时的运行速度可能不会降低。Scrapinghub 使用了算法预估每秒的请求数，能够让你在执行时不会被屏蔽。

让它运行一会儿，然后选择该任务的复选框（6），并单击 **Stop** 按钮（7）。

几秒钟之后，我们的任务将会停止，并进入 **Completed Jobs** 区域。要想查看已经抓取的条目，可以单击 items 链接中的数字（8）。

6.3 访问 item

现在，我们需要前往任务页，如图 6.6 所示。在该页中，可以查看到我们的 item（9），并确保其没有问题。我们还可以使用上面的控件进行过滤。当向下滚动页面时，更多的 item 会被自动加载出来。

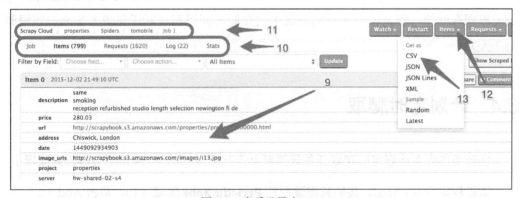

图 6.6 查看及导出 item

如果存在一些没能正常运行的情况，可以在 **Items** 上方的 **Requests** 和 **Log** 中找到有用的信息（10）。可以使用顶部的面包屑导航回到爬虫或项目中（11）。当然，也可以通

过单击左上方的 **Items** 按钮（12），选择合适的选项（13），将 item 以常见的 CSV、JSON、
JSON 行等格式下载下来。

另一种访问 item 的方式是通过 Scrapinghub 提供的 Items API。我们所需做的就是查
看任务或 items 页面中的 URL，类似于下面这样。

```
https://dash.scrapinghub.com/p/28814/job/1/1/
```

在该 URL 中，**28814** 是项目编号（之前在 scrapy.cfg 文件中设置过该值），第一
个 1 是该爬虫的编号/ID（即**"tomobile"**爬虫），而第二个 1 则是任务编号。以上述顺序使
用这 3 个数值，并使用我们的用户名/API Key 进行验证，就可以在控制台中使用 curl
建立到 https://storage.scapinghub.com/ items/<project id>/<spider
id>/<job id>的请求，获取 item，该过程如下所示。

```
$ curl -u 180128bc7a0.....50e8290dbf3b0: https://storage.scrapinghub.com/
items/28814/1/1
{"_type":"PropertiesItem","description":["same\r\nsmoking\r\nr...
{"_type":"PropertiesItem","description":["british bit keep eve...
...
```

如果它请求输入密码，我们将其留空即可。允许编程访问数据的特性使得我们可
以编写应用，使用 Scrapinghub 作为数据存储后端。不过需要注意的是，这些数据并不
是无限期存储的，而是依赖于订阅方案中的存储时间限制（对于免费方案来说该限制
为 7 天）。

6.4　计划定时爬取

现在当你听到计划定时爬取任务只需要单击几下鼠标的话，应该不会再感到惊讶了。

该过程如图 6.7 所示。我们只需要前往 **Periodic Jobs** 区域（1），单击 **Add**（2），设
置爬虫（3），调整爬取频率（4），最后单击 **Save** 即可（5）。

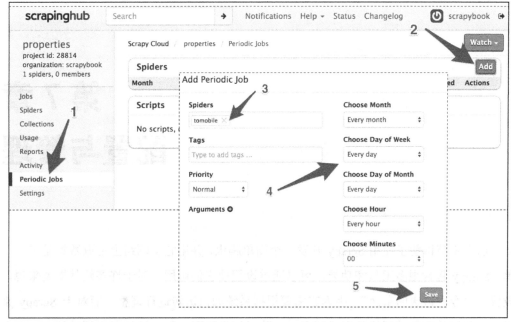

图 6.7　计划定时爬取

6.5　本章小结

在本章中，我们拥有了第一次部署 Scrapy 项目的经验，这里我们使用了 Scrapinghub 将其部署到云端。我们计划运行任务，收集上千个 item，并且可以通过使用 API 的方式非常容易地浏览和抽取它们。在接下来的章节中，我们将会继续提高知识水平，为自己创建一个类似 Scrapinghub 的小型服务器。首先，我们会在下一章中学习配置和管理。

第 7 章
配置与管理

前面章节讲解了使用 Scrapy 开发一个简单爬虫，并用它从网络上抽取数据是多么简单。Scrapy 包含很多工具和功能，可以通过设置使它们可用。对于许多软件框架来说，设置是"令人讨厌的东西"，因为它需要根据系统如何运转进行调整。而对于 Scrapy 来说，设置则是其最重要的基本机制之一，除了调优和配置外，还可以启用功能，以及允许我们扩展框架。我们不打算与优秀的 Scrapy 文档竞争，只想辅助你更快地浏览设置概况，并找出与你最相关的内容。当你准备在生产环境中进行变更之前，请仔细阅读 Scrapy 文档。

7.1 使用 Scrapy 设置

在 Scrapy 中，可以按照 5 个递增的优先级修改设置。我们将会依次看到这 5 个等级。第一级是默认设置，通常不需要修改它，不过 scrapy/settings/default_ settings.py（在系统的 Scrapy 源代码或 Scrapy 的 GitHub 中可以找到）中的代码确实值得一读。默认设置在命令级别中得以优化。实际上，除非想要实现自定义命令，否则无需考虑它。通常情况下，我们只会在命令级别下一级的项目<project_name> /settings.py 文件中修改设置。这些设置只应用于当前项目。该级别最为方便，因为当我们将项目部署到云服务时，settings.py 文件将会打包在其中，并且由于它是一个文件，因此可以使用自己喜欢的文本编辑器轻松调整几十个设置。接下来一级是每个爬虫的设置。通过在爬虫定义中使用 custom_settings 属性，可以轻松地为每个爬虫自定义设置。比如，可以通过该设置为一个指定的爬虫启用或禁用 Item 管道。最后，对于一些临时修改，可以使用命令行参数-s，在命令行中传输设置。我们在前面已经使用过几次，比如-s CLOSESPIDR_PAGECOUNT=3，即用于启用爬虫关闭扩展，以便爬虫尽早关闭。在该级别中，我们可能会去设置 API secrets、密码等。不要将这些信息写入 settings.py 文件中，因为你不会希望它们意外出现在某些公开代码库当中。

在本节中，我们将会研究一些非常重要的常用设置。为了感受不同类型，可以在任意项目中尝试如下命令。

```
$ scrapy settings --get CONCURRENT_REQUESTS
16
```

你得到的是其默认值。然后，修改项目中的<project_name>/settings.py 文件，为 CONCURRENT_REQUESTS 设置一个值，比如 14。此时，前面的 scrapy settings 命令将会给出你刚刚设置的那个值，之后不要忘记恢复该值。接下来，尝试从命令行中显式设置该参数，将会得到如下结果。

```
$ scrapy settings --get CONCURRENT_REQUESTS -s CONCURRENT_REQUESTS=19
19
```

前面的输出提示了一个很有意思的事情。scrapy cwarl 和 scrapy settings 都只是命令。每个命令都能使用刚才描述的加载设置的方法，其示例如下所示。

```
$ scrapy shell -s CONCURRENT_REQUESTS=19
>>> settings.getint('CONCURRENT_REQUESTS')
19
```

当需要找出项目中某个设置的有效值时，可以使用前面给出的任意一种方法。现在，我们需要更加仔细地了解 Scrapy 的设置。

7.2 基本设置

Scrapy 包含非常多的设置，因此为其分类成为了一个迫切的需求。我们将会从图 7.1 中总结出的大部分基本设置开始讨论。通过它们了解重要的系统特性，并且我们还将频繁地调整它们。

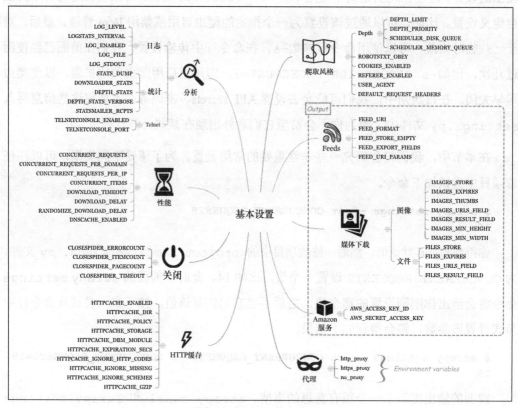

图 7.1 Scrapy 基本设置

7.2.1 分析

使用这些设置，你可以配置 Scrapy，使其通过日志、统计和 Telnet 工具提供性能和调试信息。

1. 日志

Scrapy 基于严重程度，拥有不同的日志等级：DEBUG（最低等级）、INFO、WARNING、ERROR 及 CRITICAL（最高等级）。除此之外，还有一个 SILENT 等级，使用它将不记录任何日志。通过将 LOG_LEVEL 设置为希望日志记录的最低级别，可以限制日志文件只接受指定等级以上的日志。我们一般将该值设为 INFO，因为 DEBUG 级别过于详细。一个非常有用的 Scrapy 扩展是 Log Stats 扩展，该扩展会打印出每分钟抓取的 item 和页面的数量。日志频率使用 LOGSTATS_INTERVAL 进行设置，其默认值为 60 秒。该设置的频率过低，所以在我开发时，会将该值设置为 5 秒，因为大多数运行都很短暂。写入日志的文件可以通过 LOG_FILE 设置。除非将 LOG_ENABLED 的值设置为 False 进行显式禁用，否则日志将会输出到标准错误当中。最后，可以通过设置 LOG_STDOUT 为 True，告知 Scrapy 将所有标准输出（比如："print"消息）写入日志。

2. 统计

STATS_DUMP 默认是开启的，它会在爬虫结束运行时，将统计信息收集器中的值转存到日志当中。可以通过将 DOWNLOADER_STATS 设置为 False，控制是否为下载记录统计信息。还可以通过 DEPTH_STATS 设置，控制是否收集站点深度的统计信息。要想了解有关深度的更多细节，可以将 DEPTH_STATS_VERBOSE 设为 True。STATSMAILER_RCPTS 是一个邮件列表（比如设置为['my@mail.com']），当爬取完成时，会向该列表中的邮箱发送邮件。无需经常调整这些设置，不过它们偶尔会在调试时帮助到你。

3. Telnet

Scrapy 包含一个内置的 Telnet 控制台，可以为你提供正在运行中的 Scrapy 进程的 Python shell。TELNETCONSOLE_ENABLED 默认情况下是开启的，而 TELNETCONSOLE_PORT 决定了连接到控制台的端口。你可能需要修改该值，以防止端口冲突。

示例 1——使用 Telnet

在某些情况下，需要查看正在运行的 Scrapy 的内部状态。下面让我们看看如何使用 Telnet 控制台完成该操作。

 本章代码位于 ch07 目录中。其中，本示例在 ch07/properties 目录中。

```
$ pwd
/root/book/ch07/properties
```

```
$ ls
properties scrapy.cfg
```

使用如下命令开始爬取。

```
$ scrapy crawl fast
...
[scrapy] DEBUG: Telnet console listening on 127.0.0.1:6023:6023
```

上面的消息意味着 Telnet 已经被激活，并且使用 6023 端口进行监听。现在，可以在另一个终端中，使用 telnet 命令连接它。

```
$ telnet localhost 6023
>>>
```

此时，该控制台会提供一个 Scrapy 内部的 Python 控制台。你可以查看某些组件，比如使用 engine 变量查看引擎，不过为了能够更快地了解状态概况，可以使用 est()命令。

```
>>> est()
Execution engine status

time()-engine.start_time            : 5.73892092705
engine.has_capacity()               : False
len(engine.downloader.active)       : 8
...
len(engine.slot.inprogress)         : 10
...
len(engine.scraper.slot.active)     : 2
```

第 10 章将会探讨其中的一些度量标准。此时将发现你依然是在 Scrapy 引擎内部运行它。假设使用了如下命令：

```
>>> import time
>>> time.sleep(1) # Don't do this!
```

此时，你会发现在另一个终端中会出现短暂的暂停。显然，该控制台不是用来计算 Pi 值前 100 万位的合适地点。你可以在该控制台中操作的事情还包括暂停、继续和终止爬取。你可能会发现，在远程机器操作 Scrapy 会话时，这些事情和终端通常都很有用。

```
>>> engine.pause()
>>> engine.unpause()
>>> engine.stop()
Connection closed by foreign host.
```

7.2.2 性能

第 10 章将会详细介绍关于性能的设置，这里仅作为一个小结。性能设置可以让我们根据特定的工作负载调整 Scrapy 的性能特性。CONCURRENT_REQUESTS 用于设置同时执行的最大请求数。大多数情况下，该设置用于防止在爬取不同网站（域名/IP）时超出服务器出站容量。除此之外，还可以找到更加严格的 CONCURRENT_REQUESTS_PER_DOMAIN 以及 CONCURRENT_REQUESTS_PER_IP。这两个设置分别通过限制同时对每个域名或 IP 地址发出的请求数，达到保护远程服务器的效果。当 CONCURRENT_REQUESTS_PER_IP 为非零值时，CONCURRENT_REQUESTS_PER_DOMAIN 就会被忽略。这些设置不是以秒为单位的。如果 CONCURRENT_REQUESTS = 16，而请求平均花费 1/4 秒的话，你的限制就是每秒 16/0.25 = 64 个请求。CONCURRENT_ITEMS 用于设置对每个响应同时处理的最大 item 数量。你可能会发现该设置并没有它看起来那么实用，因为很多情况下，每个页面或请求中只有一个 Item。并且，其默认值 100 也比较随意。如果减小该值，比如减小到 10 或者 1，你甚至可能会看到性能提升，这取决于每个请求的 Item 数量，以及管道的复杂程度。还需要注意的是，由于该值是每个请求时的数量，如果限制了 CONCURRENT_REQUESTS = 16、CONCURRENT_ITEMS = 100，那么可能意味着会有 1600 个 item 同时在尝试写入数据库。一般来说，建议将该值设置得更保守一些。

对于下载，DOWNLOAD_TIMEOUT 决定了下载器在取消一个请求之前需要等待的时间，其默认值为 180 秒，这似乎有些偏高（当并发请求数为 16 时，这意味着站点下载的速度大约为 5 页/分钟）。建议降低该值，比如当存在超时问题时，将其降低为 10 秒。默认情况下，Scrapy 将两次下载间的延迟设置为 0，以最大化抓取速度。可以使用 DOWNLOAD_DELAY 设置将其修改为更加保守的下载速度。有些网站会将请求频率作为"机器人"行为的测量指标。通过设置 DOWNLOAD_DELAY，还会在下载延迟中启用一个 ±50%的随机偏移量。可以通过将 RANDOMIZE_DOWNLOAD_DELAY 设置为 False 来禁用该功能。

最后，为了更快的 DNS 查找，Scrapy 默认使用了 DNSCACHE_ENABLED 设置，启用了内存中的 DNS 缓存。

7.2.3　提前终止爬取

Scrapy 的 CloseSpider 扩展可以在达成某个条件时，自动终止爬虫爬取。可以分别使用 CLOSESPIDER_TIMEOUT（以秒计）、CLOSESPIDER_ITEMCOUNT、CLOSESPIDER_PAGECOUNT 以及 CLOSESPIDER_ERRORCOUNT 这些设置，配置在一段时间后、抓取一定数量 item 后、接收到一定数量响应后或是遇到一定数量错误后，关闭爬虫。通常情况下，你会在运行爬虫时使用命令行的方式设置这些内容，我们已经在前面的几章中做过几次此类操作。

```
$ scrapy crawl fast -s CLOSESPIDER_ITEMCOUNT=10
$ scrapy crawl fast -s CLOSESPIDER_PAGECOUNT=10
$ scrapy crawl fast -s CLOSESPIDER_TIMEOUT=10
```

7.2.4　HTTP 缓存和离线运行

Scrapy 的 HttpCacheMiddleware 组件（默认未激活）为 HTTP 请求和响应提供了一个低级的缓存。当启用该组件时，缓存会存储每个请求及其对应的响应。通过将 HTTPCACHE_POLICY 设置为 scrapy.contrib.httpcache. RFC2616Policy，可以启用一个遵从 RFC2616 的更复杂的缓存策略。为了启用该缓存，还需要将 HTTPCACHE_ENABLED 设置为 True，并将 HTTPCACHE_DIR 设置为文件系统中的一个目录（使用相对路径将会在项目的数据文件夹下创建一个目录）。

还可以选择通过设置存储后端类 HTTPCACHE_STORAGE 为 scrapy. contrib. httpcache.DbmCacheStorage，为缓存文件指定数据库后端，并且还可以选择调整 HTTPCACHE_DBM_MODULE 设置（默认为任意数据库管理系统）。还有一些设置可以用于缓存行为调优，不过默认值已经能够为你很好地服务了。

示例 2——使用缓存的离线运行

假设你运行了如下代码：

```
$ scrapy crawl fast -s LOG_LEVEL=INFO -s CLOSESPIDER_ITEMCOUNT=5000
```

你会发现大约一分钟后运行可以完成。如果此时无法访问 Web 服务器，可能就无法爬取任何数据。假设你现在使用如下代码，再次运行爬虫。

```
$ scrapy crawl fast -s LOG_LEVEL=INFO -s CLOSESPIDER_ITEMCOUNT=5000 -s
HTTPCACHE_ENABLED=1
...
INFO: Enabled downloader middlewares:...*HttpCacheMiddleware*
```

你会注意到此时启用了 HttpCacheMiddleware，当查看当前目录下的隐藏目录时，将会发现一个新的 .scrapy 目录，目录结构如下所示。

```
$ tree .scrapy | head
.scrapy
└── httpcache
    └── easy
        ├── 00
        │   ├── 002054968919f13763a7292c1907caf06d5a4810
        │   │   ├── meta
        │   │   ├── pickled_meta
        │   │   ├── request_body
        │   │   ├── request_headers
        │   │   ├── response_body
...
```

现在，如果重新运行爬虫，获取略少于前面数量的 item 时，就会发现即使在无法访问 Web 服务器的情况下，也能完成得更加迅速。

```
$ scrapy crawl fast -s LOG_LEVEL=INFO -s CLOSESPIDER_ITEMCOUNT=4500 -s
HTTPCACHE_ENABLED=1
```

我们使用了略少于前面数量的 item 作为限制，是因为当使用 CLOSESPIDER_ITEMCOUNT 结束时，一般会在爬虫完全结束前读取更多的页面，但我们不希望命中的页面不在缓存范围内。要想清理缓存，只需删除缓存目录即可。

```
$ rm -rf .scrapy
```

7.2.5　爬取风格

Scrapy 允许我们调整选择优先爬取页面的方式。可以在 DEPTH_LIMIT 设置中设定最大深度，该值为 0 时表示不限制。通过 DEPTH_PRIORITY 设置，可以基于请求的深度指定优先级。最值得注意的是，可以将该值设置为正数，以执行广度优先爬取，并将任务队列由 LIFO（后入先出）转为 FIFO（先入先出）：

```
DEPTH_PRIORITY = 1
SCHEDULER_DISK_QUEUE = 'scrapy.squeue.PickleFifoDiskQueue'
SCHEDULER_MEMORY_QUEUE = 'scrapy.squeue.FifoMemoryQueue'
```

在爬取时进行这些设置非常有用，比如，在一个新闻门户网站中，最近的新闻更应该接近首页，并且每个新闻页都有到其他相关新闻的链接。Scrapy 的默认行为是对首页的前几个新闻报道进行尽可能深地爬取，之后才会继续爬取接下来的头版新闻。而广度优先的顺序则是首先爬取最顶层的新闻，之后才会进一步深入，当结合 DEPTH_LIMIT 设置时，比如设为 3，可以让你快速浏览门户网站中最近的新闻。

网站在其根目录下使用 Web 标准的 robots.txt 文件，声明它们允许的爬取策略，以及不希望被访问的网站结构。如果将 ROBOTSTXT_OBEY 设置为 True，Scrapy 将会遵守该约定。如果启用了该设置，请在调试时记住该点，以防发现任何意外的行为。

CookiesMiddleware 显然包含了和 cookie 相关的所有操作，其中包括会话跟踪、准许登录等。如果你想拥有更"私密"的爬取，可以通过将 COOKIES_ENABLED 设置 False 以禁用。禁用 cookie 还会轻微降低你使用的带宽，并且可能会对你的爬取操作有一点提速，当然它会依赖于你爬取的网站。与 CookiesMiddleware 类似，REFERER_ENABLED 的默认设置是 True，即启用了用于填充 Referer 头的 RefererMiddleware。可以使用 DEFAULT_REQUEST_HEADERS 自定义头部。你可能会发现该设置对于某些奇怪的网站很有用，在这些网站中只有包含了特定请求头的请求才不会被禁止。最后，自动生成的 settings.py 文件推荐我们设置 USER_AGENT。该设置的默认值是 Scrapy 的版本，而我们需要将其修改为能够让网站拥有者联系到我们的信息。

7.2.6 feed

feed 可以让你将 Scrapy 抓取得到的数据输出到本地文件系统或远程服务器当中。FEED_URI.FEED_URI 决定了 feed 的位置，该设置中可能会包含命名参数。比如，scrapy fast -o "%(name)s_%(time)s.jl" 将会自动以当前时间和爬虫名称

（fast）填充输出文件名。如果需要使用一个自定义参数，比如%(foo)s，那么 feed 输出器需要你在爬虫中提供 foo 属性。此外，feed 的存储，如 S3、FTP 或本地文件系统，也定义在 URI 中。例如，FEED_URI='s3://mybucket/file.json'将使用你的 Amazon 凭证（AWS_ACCESS_KEY_ID 和 AWS_SECRET_ACCESS_KEY）上传文件到 Amazon 的 S3 当中。Feed 的格式（JSON、JSON Line、CSV 及 XML）可以使用 FEED_FORMAT 确定。如果没有设定该设置，Scrapy 将会根据 FEED_URI 的扩展名猜测格式。通过将 FEED_STORE_EMPTY 设置为 True，可以选择输出空的 feed。此外，还可以使用 FEED_EXPORT_FIELDS 设置，选择只输出指定的几个字段。该设置对于具有固定标题列的.csv 文件尤其有用。最后，FEED_URI_PARAMS 用于定义对 FEED_URI 中任意参数进行后置处理的函数。

7.2.7　媒体下载

Scrapy 可以使用图像管道下载媒体内容，此外还可以将图像转换为不同的格式、生成缩略图以及基于大小过滤图像。

IMAGES_STORE 设置用于设定图像存储的目录（使用相对路径时，将会在项目根目录下创建目录）。每个 Item 的图像 URL 应该在 image_urls 字段中设定（可以被 IMAGES_URLS_FIELD 设置覆写），而下载图像的文件名则是在一个新的 images 字段中设定（可以被 IMAGES_RESULT_FIELD 设置覆写）。可以使用 IMAGES_MIN_WIDTH 和 IMAGES_MIN_HEIGHT 设置过滤过小的图像。IMAGES_EXPIRES 决定了图像在过期前保留在缓存中的天数。对于缩略图的生成，可以使用 IMAGES_THUMBS 设置，它可以让你按照一种或多种尺寸生成缩略图。比如，可以让 Scrapy 生成一种图标大小的缩略图以及一种用于每次图像下载时的中等大小缩略图。

1. 其他媒体

可以使用文件管道下载其他媒体文件。与图像类似，FILES_STORE 设置用于确定已下载文件的存放位置，而 FILES_EXPIRES 设置用于确定文件保留的天数。FILES_URLS_FIELD 以及 FILES_RESULT_FIELD 设置都和对应的 IMAGES_*设置的功能相似。文件管道和图像管道可以同时激活，不会产生冲突。

示例 3——下载图像

为了能够使用图像功能，必须使用 `sudo pip install image` 安装图像包。在我们的开发机中，已经为大家安装好该三方包了。想要启用图像管道，只需要编辑项目的 `settings.py` 文件，添加少量设置。首先，需要在 `ITEM_PIPELINES` 中包含 `scrapy.pipelines.images.ImagesPipeline`。然后，设置 `IMAGES_STORE` 为相对路径"images"，此外还可以选择通过 `IMAGES_THUMBS` 设置一些缩略图的描述，相关代码如下所示。

```
ITEM_PIPELINES = {
...
    'scrapy.pipelines.images.ImagesPipeline': 1,
}
IMAGES_STORE = 'images'
IMAGES_THUMBS = { 'small': (30, 30) }
```

我们在 Item 中已经包含了合适的 `image_urls` 字段，所以现在可以参照如下命令执行爬虫了。

```
$ scrapy crawl fast -s CLOSESPIDER_ITEMCOUNT=90
...
DEBUG: Scraped from <200 http://http://web:9312/.../index_00003.html/
property_000001.html>{
    'image_urls': [u'http://web:9312/images/i02.jpg'],
    'images': [{'checksum': 'c5b29f4b223218e5b5beece79fe31510',
                'path': 'full/705a3112e67...a1f.jpg',
                'url': 'http://web:9312/images/i02.jpg'}],
...
$ tree images
images
├── full
│    ├── 0abf072604df23b3be3ac51c9509999fa92ea311.jpg
│    ├── 1520131b5cc5f656bc683ddf5eab9b63e12c45b2.jpg
...
└── thumbs
     └── small
          ├── 0abf072604df23b3be3ac51c9509999fa92ea311.jpg
```

```
├──── 1520131b5cc5f656bc683ddf5eab9b63e12c45b2.jpg
```
...

可以看到图像成功下载，并且创建了缩略图。主文件的 JPG 名称按照预期存储在了 `images` 字段当中，因此很容易推测缩略图的路径。如果想要清空图像，我们可以使用 `rm -rf images`。

7.2.8　Amazon Web 服务

Scrapy 对访问 Amazon Web 服务有内置支持。你可以在 AWS_ACCESS_KEY_ID 设置中存储 AWS 访问密钥，在 AWS_SECRET_ACCESS_KEY 设置中存储私密密钥。默认情况下，这些设置均为空。可以在如下场景中使用：

- 当下载以 s3://开头的 URL 时（而不是 https://等）；
- 当通过媒体管道使用 s3://路径存储文件或缩略图时；
- 当在 s3://目录中存储 `Item` 的输出 Feed 时。

不要将这些设置存储在 `settings.py` 文件当中，以防未来某天由于任何原因造成代码公开时被泄露。

7.2.9　使用代理和爬虫

Scrapy 的 `HttpProxyMiddleware` 组件允许你使用代理设置，根据 UNIX 约定，这些设置是通过 `http_proxy`、`https_proxy` 以及 `no_proxy` 这几个环境变量定义的。该组件默认是启用状态的。

示例 4——使用代理和 Crawlera 的智能代理

DynDNS（或任何类似的服务）提供了一个免费的在线工具，用于查看当前的 IP 地址。使用 Scrapy shell，我们向 checkip.dyndns.org 发送请求，查看响应，获取当前的 IP 地址。

```
$ scrapy shell http://checkip.dyndns.org
>>> response.body
'<html><head><title>Current IP Check</title></head><body>Current IP
```

```
Address: xxx.xxx.xxx.xxx</body></html>\r\n'
>>> exit( )
```

想要开始代理请求，需要退出 shell，并使用 export 命令设置新的代理。可以通过搜索 HMA 的公开代理列表测试免费代理（http://proxylist.hidemyass.com）。比如，我们从该列表中选择了一个 IP 为 10.10.1.1、端口为 80 的代理（非真实存在的代理，请将其替换为你自己的代理地址），可以按照如下操作。

```
$ # First check if you already use a proxy
$ env | grep http_proxy
$ # We should have nothing. Now let's set a proxy
$ export http_proxy=http://10.10.1.1:80
```

按照刚才的步骤重新运行 scrapy shell，可以看到执行的请求使用了不同的 IP。此外，你还会发现这些代理通常速度都很慢，而且在一些情况下无法成功，如果遇到这类情况，可以尝试更换为其他的代理。如果想要禁用代理，则需要退出 Scrapy shell，并执行 unset http_proxy（或恢复为之前的值）。

Crawlera 是 Scrapinghub 的一项服务，可以为 Scrapy 的开发者提供一个非常智能的代理。除了在后台使用很大的 IP 池路由你的请求外，该代理还会调整延迟和失败重试，让你在保持尽可能快的情况下，获得尽可能多且稳定的成功响应流。它基本上可以使爬虫开发者的梦想成真，并且只需像之前那样，设置 http_proxy 环境变量，就可以使用。

```
$ export http_proxy=myusername:mypassword@proxy.crawlera.com:8010
```

除了 HTTP 代理外，Crawlera 还可以通过 Scrapy 的中间件组件方式使用。

7.3　进阶设置

现在，我们要探讨一些 Scrapy 中不太常见的方面，以及 Scrapy 扩展的相关设置，后续章节中会详细介绍这些内容。这些进阶设置如图 7.2 所示。

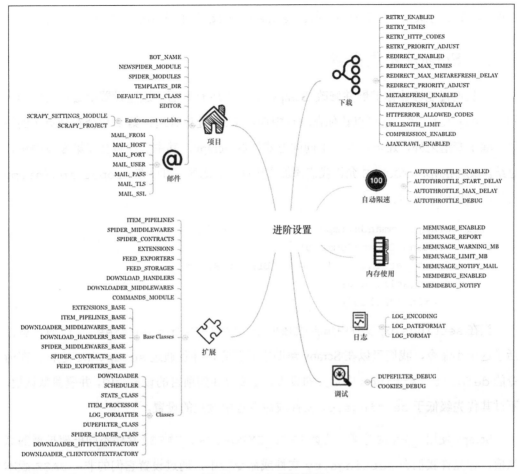

图 7.2　Scrapy 进阶设置

7.3.1　项目相关设置

　　在这里可以找到一些与具体项目相关的管理设置，如 BOT_NAME、SPIDER_ MODULES 等。你可以快速浏览一下这些设置的文档，因为它们会提升具体用例的生产效率，不过通常情况下，**Scrapy** 的 `startproject` 和 `genspider` 命令都已经提供了合理的默认值，即使不显式修改它们，也能很好地运行。邮件相关的设置，比如 MAIL_FROM，可以让你配置 `MailSender` 类，该类目前用于统计邮件信息（另外参见 STATSMAILER_ RCPTS）以及内存使用信息（另外参见 MEMUSAGE_NOTIFY_MAIL）。还有两个环境变量：SCRAPY_SETTINGS_MODULE 以及 SCRAPY_PROJECT，可以让你调整 **Scrapy** 项目与其他项目集成的方式，比如 Django 项目。scrapy.cfg 还允许你调整设置模块的名称。

7.3.2 Scrapy 扩展设置

这些设置能够让你扩展并修改 Scrapy 的几乎所有方面。这些设置中最重要的当属 ITEM_PIPELINES。它可以让你在项目中使用 Item 处理管道。第 9 章会看到更多的例子。除了管道之外，还可以通过不同的方式扩展 Scrapy，其中一些将会在第 8 章中进行总结。COMMANDS_MODULE 允许我们添加常用命令。比如，可以在 properties/hi.py 文件中添加如下内容。

```
from scrapy.commands import ScrapyCommand
class Command(ScrapyCommand):
    default_settings = {'LOG_ENABLED': False}
    def run(self, args, opts):
        print("hello")
```

当在 settings.py 文件中添加 COMMANDS_MODULE='properties.hi'时，就激活了这个小命令，我们可以在 Scrapy 帮助中看到它，并且通过 scrapy hi 运行。在命令的 default_settings 中定义的设置，会被合并到项目的设置当中，并覆盖默认值，不过其优先级低于 settings.py 文件或命令行中设定的设置。

Scrapy 使用-_BASE 字典（比如 FEED_EXPORTERS_BASE）存储不同框架扩展的默认值，并允许我们在 settings.py 文件或命令行中，通过设置它们的非-_BASE 版本（比如 FEED_EXPORTERS）进行自定义。

最后，Scrapy 使用 DOWNLOADER、SCHEDULER 等设置，保存系统基本组件的包/类名。我们可以继承默认的下载器（scrapy.core.downloader.Downloader），重载一些方法，然后将 DOWNLOADER 设置为自定义的类。这样可以让开发者大胆地对新特性进行实验，并且可以简化自动化测试过程，不过除非你明确了解自己做的事情，否则不要轻易修改这些设置。

7.3.3 下载调优

RETRY_*、REDIRECT_*以及 METAREFRESH_*设置分别用于配置重试、重定向以

及元刷新中间件。例如，将 REDIRECT_PRIORITY_ADJUST 设为 2，意味着每次发生重定向时，新请求将会在所有非重定向请求完成服务后才会被调度；而将 REDIRECT_MAX_TIMES 设置为 20，则表示在执行 20 次重定向后，下载器将会放弃尝试，并返回目前所见到的内容。这些设置在爬取一些运行不太正常的网站时非常有用，不过在大多数情况下，默认值已经可以提供很好的服务了。它同样也适用于 HTTPERROR_ALLOWED_CODES 以及 URLLENGTH_LIMIT。

7.3.4　自动限速扩展设置

AUTOTHROTTLE_* 设置用于启用并配置自动限速扩展。虽然对它有很大期望，但从实践来看，我发现它往往有些保守，不容易调整。它使用下载延迟，来了解我们和目标服务器的负载情况，并据此调整下载器的延迟。如果你很难找到 DOWNLOAD_DELAY 的最佳值（默认为 0），就会发现该模块很有用。

7.3.5　内存使用扩展设置

MEMUSAGE_* 设置用于启用并配置内存使用扩展。当超出内存限制时，将会关闭爬虫。当运行在共享环境时，该设置非常有用，因为此时需要非常礼貌的行为。大多数情况下，你可能会发现它只有在接收报警邮件时才会有用，此时我们需要将 MEMUSAGE_LIMIT_MB 设置为 0，禁用关闭爬虫的功能。该扩展只在类 UNIX 平台上适用。

MEMDEBUG_ENABLED 和 MEMDEBUG_NOTIFY 用于启用并配置内存调试扩展，在爬虫关闭时打印出仍然存活的引用数量。总之，追踪内存泄露不是一件简单而有趣的事情（好吧，它还是有一些乐趣的）。我们可以阅读 *Debugging memory leaks with trackref* 这篇优秀的文档，了解更多内存泄露排查的方法，不过最重要的建议是，保持你的爬虫相对简短、批量处理，并且需要根据服务器的能力运行。我认为没有什么好的理由可以让我们批量运行超过几千页或几分钟。

7.3.6　日志和调试

最后，还有一些日志和调试功能。LOG_ENCODING、LOG_DATEFORMAT 和 LOG_FORMAT 可以用来调整日志格式，当准备使用日志管理解决方案时（比如 Splunk、

Logstash 和 Kibana），会发现这些设置非常有用。DUPEFILTER_DEBUG 和 COOKIES_
DEBUG 将会帮助你调试相对复杂的情况，比如得到的请求数少于预期或会话意外丢失。

7.4　本章小结

　　通过阅读本章，我相信与从头开始编写爬虫相比，你能体会到使用 Scrapy 功能所带来的深度和广度。如果你想调整或扩展 Scrapy 的功能，可以有很多选项，我们将会在下一章中看到它们。

第 8 章
Scrapy 编程

到目前为止，我们编写的爬虫主要用于定义爬取数据源的方式以及如何从中抽取信息。除了爬虫外，Scrapy 还提供了能够调整其大多数方面功能的机制。比如，你可能会发现自己经常在处理如下的一些问题。

1. 你需要从同一个项目的其他爬虫中复制、粘贴大量代码。重复的代码与数据更加相关（比如，执行字段计算），而不是数据源。

2. 你需要编写脚本，对 Item 进行后处理，执行像删除重复条目或后置处理值的事情。

3. 你在不同的项目中有重复的代码，用于处理基础架构。比如，你可能需要登录并向专有仓库传输文件，向数据库中添加 Item 或在爬虫执行完成时触发后置处理操作。

4. 你发现 Scrapy 的某个方面与你希望的功能并不完全一致，你想在自己的大部分项目中使用自定义或变通的方案。

Scrapy 开发者所设计的架构，能够为我们解决这些常见的问题。我们将会在本章后续部分研究该架构。不过我们首先介绍支持 Scrapy 的引擎，该引擎叫作 **Twisted**。

8.1　Scrapy 是一个 Twisted 应用

Scrapy 是一个内置使用了 Python 的 Twisted 框架的抓取应用。Twisted 确实有些与众不同，因为它是事件驱动的，并且鼓励我们编写异步代码。习惯它需要一些时间，不过我们将通过只学习和 Scrapy 有关的部分，从而让任务变得相对简单一些。我们还可以在错误处理方面轻松一些。GitHub 上的完整代码会有更加彻底的错误处理，不过在本书中将忽略该部分。

让我们从头开始。Twisted 与众不同是因为它的主要口号。

 在任何情况下，都不要编写阻塞的代码。

代码阻塞的影响很严重，而可能造成代码阻塞的原因包括：

● 代码需要访问文件、数据库或网络；

● 代码需要派生新进程并消费其输出，比如运行 shell 命令；

● 代码需要执行系统级操作，比如等待系统队列。

Twisted 提供的方法允许我们执行上述所有操作甚至更多操作时，无需再阻塞代码执行。

为了展示两种方式的不同，我们假设有一个典型的同步抓取应用（见图 8.1）。假设该应用包含 4 个线程，并且在一个给定的时刻，其中 3 个线程处于阻塞状态，用于等待响应，而另一个线程被阻塞，用于执行数据库写访问以保存 Item。在任何给定时刻，很有可能无法找到抓取应用的一个执行其他事情的线程，只能等待一些阻塞操作完成。当阻塞操作完成时，一些计算操作可能占用几微秒，然后线程再次被阻塞，执行其他阻塞操作，这很可能持续至少几毫秒的时间。总体来说，服务器不会是空闲的，因为它运行了几十个应用程序，并使用了上千个线程，因此，在一些细致的调优后，CPU 才能够合理利用。

Twisted/Scrapy 的方式更倾向于尽可能使用单线程。它使用现代操作系统的 I/O 复用功能（参见 select()、poll() 和 epoll()）作为"挂起器"。在通常会有阻塞操作的地方，比如 result = i_block()，Twisted 提供了一个可以立即返回的替代实现。不过，它并不是返回真实值，而是返回一个 hook，比如 deferred = i_dont_block()，在这里可以挂起任何想要运行的功能，而不用管什么时候返回值可用（比如，deferred.

addCallback (process_result))。一个 Twisted 应用是由一组此类延迟运行的操作组成的。Twisted 唯一的主线程被称为 Twisted 事件反应器线程，用于监控挂起器，等待某个资源变为可用（比如，服务器返回响应到我们的 Request 中）。当该事件发生时，将会触发链中最前面的延迟操作，执行一些计算，然后依次触发下面的操作。部分延迟操作可能会引发进一步的 I/O 操作，这样就会造成延迟操作链回到挂起器中，如果可能的话，还会释放 CPU 以执行其他功能。由于我们使用的是单线程，因此不会存在额外线程所需的上下文切换以及保存资源（如内存）所带来的开销。也就是说，我们使用该非阻塞架构时，只需一个线程，就能达到类似使用数千个线程才能达到的性能。

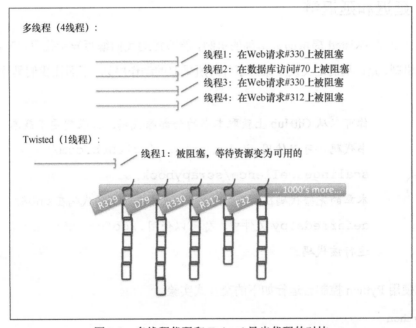

图 8.1 多线程代码和 Twisted 异步代码的对比

坦率地说，操作系统开发人员花费了数十年的时间优化线程操作，以使它们速度更快。性能的争论没有以前那么强烈了。有一件大家都认同的事情是，为复杂应用编写正确的线程安全代码非常困难。当你克服考虑延迟/回调所带来的最初冲击后，会发现 Twisted 代码要比多线程代码简单得多。inlineCallbacks 生成器工具使得代码更加简单，我们将会在后续章节进一步讨论它。

可以说，到目前为止，最成功的非阻塞 I/O 系统是 Node.js，主要是因为它以高性能和并发性作为出发点，没有人去争论这是好事还是坏事。每个 Node.js 应用都只用非阻塞 API。在 Java 的世界里，Netty 可能是最成功的 NIO 框架驱动应用，比如 Apache Storm 和 Spark。C++ 11 的 `std::future` 和 `std::promise`（与延迟操作非常类似）通过使用 libevent 或纯 POSIX 这些库，使得编写异步代码更加简单。

8.1.1　延迟和延迟链

延迟机制是 Twisted 提供的最基础的机制，能够帮助我们编写异步代码。Twisted API 使用延迟机制，允许我们定义发生某些事件时所采取的动作序列。下面让我们具体看一下。

你可以从 GitHub 上获取本书的全部源代码。如果想要下载本书代码，可以使用 git clone `https://github.com/scalingexcellence/scrapybook`。
本章的完整代码在 ch08 目录中，其中本示例的代码在 ch08/ `deferreds.py` 文件中，你可以使用 `./deferreds. py 0` 运行该代码。

可以使用 Python 控制台运行如下的交互式实验。

```
$ python
>>> from twisted.internet import defer
>>> # Experiment 1
>>> d = defer.Deferred()
>>> d.called
False
>>> d.callback(3)
>>> d.called
True
>>> d.result
3
```

可以看到，Deferred 本质上代表的是一个无法立即获取的值。当触发 d 时（调用其 callback 方法），其 called 状态变为 True，而 result 属性被设置为在回调方法中设定的值。

```
>>> # Experiment 2
>>> d = defer.Deferred()
>>> def foo(v):
...     print "foo called"
...     return v+1
...
>>> d.addCallback(foo)
<Deferred at 0x7f...>
>>> d.called
False
>>> d.callback(3)
foo called
>>> d.called
True
>>> d.result
4
```

延迟机制最强大的功能就是可以在设定值时串联其他要被调用的操作。在上面的例子中，添加了一个 foo() 函数作为 d 的回调函数。当通过调用 callback(3) 触发 d 时，会调用函数 foo()，打印消息，并将其返回值设为 d 最终的 result 值。

```
>>> # Experiment 3
>>> def status(*ds):
...     return [(getattr(d, 'result', "N/A"), len(d.callbacks)) for d in
ds]
>>> def b_callback(arg):
...     print "b_callback called with arg =", arg
...     return b
>>> def on_done(arg):
...     print "on_done called with arg =", arg
...     return arg
...
>>> # Experiment 3.a
>>> a = defer.Deferred()
>>> b = defer.Deferred()
>>> a.addCallback(b_callback).addCallback(on_done)
>>> status(a, b)
```

```
[('N/A', 2), ('N/A', 0)]
>>> a.callback(3)
b_callback called with arg = 3
>>> status(a, b)
[(<Deferred at 0x10e7209e0>, 1), ('N/A', 1)]
>>> b.callback(4)
on_done called with arg = 4
>>> status(a, b)
[(4, 0), (None, 0)]
```

该示例展示了更加复杂的延迟行为。我们看到该示例中有一个普通的延迟 a，和之前例子中创建的一样，不过这次它有两个回调方法。第一个是 b_callback()，返回值是另一个延迟 b，而不是一个值。第二个是 on_done() 打印函数。我们还有一个 status() 函数，用于打印延迟状态。在两个延迟完成初始化之后，得到了相同的状态：[('N/A', 2), ('N/A', 0)]，这意味着两个延迟都还没有被触发，并且第一个延迟有两个回调，而第二个没有回调。然后，当触发第一个延迟时，我们得到了一个奇怪的 [(<Deferred at 0x10e7209e0>, 1), ('N/A', 1)] 状态，可以看出现在 a 的值是一个延迟（实际上就是 b 延迟），并且目前它还有一个回调，这种情况是合理的，因为 b_callback() 已经被调用，只剩下了 on_done()。意外的情况是现在 b 也包含了一个回调。实际上是在后台注册了一个回调，一旦触发 b，就会更新它的值。当其发生时，on_done() 依然会被调用，并且最终状态会是 [(4, 0), (None, 0)]，和我们预期的一样。

```
>>> # Experiment 3.b
>>> a = defer.Deferred()
>>> b = defer.Deferred()
>>> a.addCallback(b_callback).addCallback(on_done)
>>> status(a, b)
[('N/A', 2), ('N/A', 0)]
>>> b.callback(4)
>>> status(a, b)
[('N/A', 2), (4, 0)]
>>> a.callback(3)
b_callback called with arg = 3
on_done called with arg = 4
>>> status(a, b)
[(4, 0), (None, 0)]
```

而另一方面，如果像 Experiment 3.b 所示，b 先于 a 被触发，状态将会变为 [('N/A', 2), (4, 0)]，然后当 a 被触发时，两个回调都会被调用，最终状态与之前一样。有意思的是，不管顺序如何，最终结果都是相同的。两个例子唯一的不同是，在第一个例子中，b 值保持延迟的时间更长一些，因为它是第二个被触发的，而在第二个例子中，b 首先被触发，并且从该时刻起，它的值就会在需要时被立即使用。

此时，你应该已经对什么是延迟、它们是如何串联起来表示尚不可用的值，有了不错的理解。我们将通过第 4 个例子结束这一部分的研究，在该示例中，将展示如何触发依赖于多个其他延迟的方法。在 Twisted 的实现中，将会使用 defer.DeferredList 类。

```
>>> # Experiment 4
>>> deferreds = [defer.Deferred() for i in xrange(5)]
>>> join = defer.DeferredList(deferreds)
>>> join.addCallback(on_done)
>>> for i in xrange(4):
...     deferreds[i].callback(i)
>>> deferreds[4].callback(4)
on_done called with arg = [(True, 0), (True, 1), (True, 2),
                           (True, 3), (True, 4)]
```

可以注意到，尽管 for 循环语句只触发了 5 个延迟中的 4 个，on_done() 仍然需要等到列表中所有延迟都被触发后才会调用，也就是说，要在最后的 deferreds[4].callback() 之后调用。on_done() 的参数是一个元组组成的列表，每个元组对应一个延迟，其中包含两个元素，分别是表示成功的 True 或表示失败的 False，以及延迟的值。

8.1.2　理解 Twisted 和非阻塞 I/O——一个 Python 故事

既然我们已经掌握了原语，接下来让我告诉你一个 Python 的小故事。该故事中所有人物均为虚构，如有雷同纯属巧合。

```
# ~*~ Twisted - A Python tale ~*~

from time import sleep

# Hello, I'm a developer and I mainly setup Wordpress.
def install_wordpress(customer):
```

```
# Our hosting company Threads Ltd. is bad. I start installation and...
print "Start installation for", customer
# ...then wait till the installation finishes successfully. It is
# boring and I'm spending most of my time waiting while consuming
# resources (memory and some CPU cycles). It's because the process
# is *blocking*.
sleep(3)
print "All done for", customer

# I do this all day long for our customers
def developer_day(customers):
    for customer in customers:
        install_wordpress(customer)


developer_day(["Bill", "Elon", "Steve", "Mark"])
```

运行该代码。

```
$ ./deferreds.py 1
------ Running example 1 ------
Start installation for Bill
All done for Bill
Start installation
...
* Elapsed time: 12.03 seconds
```

我们得到的是顺序的执行。4 位客户，每人执行 3 秒，意味着总共需要 12 秒的时间。这种方式的扩展性不是很好，因此我们将在第二个例子中添加多线程。

```
import threading

# The company grew. We now have many customers and I can't handle the
# workload. We are now 5 developers doing exactly the same thing.
def developers_day(customers):
    # But we now have to synchronize... a.k.a. bureaucracy
    lock = threading.Lock()
    #
    def dev_day(id):
        print "Goodmorning from developer", id
        # Yuck - I hate locks...
        lock.acquire()
        while customers:
```

```
            customer = customers.pop(0)
            lock.release()
            # My Python is less readable
            install_wordpress(customer)
            lock.acquire()
        lock.release()
        print "Bye from developer", id
    # We go to work in the morning
    devs = [threading.Thread(target=dev_day, args=(i,)) for i in
range(5)]
    [dev.start() for dev in devs]
    # We leave for the evening
    [dev.join() for dev in devs]
```

```
# We now get more done in the same time but our dev process got more
# complex. As we grew we spend more time managing queues than doing dev
# work. We even had occasional deadlocks when processes got extremely
# complex. The fact is that we are still mostly pressing buttons and
# waiting but now we also spend some time in meetings.
developers_day(["Customer %d" % i for i in xrange(15)])
```

按照下述方式运行这段代码。

```
$ ./deferreds.py 2
------ Running example 2 ------
Goodmorning from developer 0Goodmorning from developer
1Start installation forGoodmorning from developer 2
Goodmorning from developer 3Customer 0
...
from developerCustomer 13 3Bye from developer 2
* Elapsed time: 9.02 seconds
```

在这段代码中，使用了 5 个线程并行执行。15 个客户，每人 3 秒，总共需要执行 45 秒，而当使用 5 个并行的线程时，最终只花费了 9 秒钟。不过代码有些难看。现在代码的一部分只用于管理并发性，而不是专注于算法或业务逻辑。另外，输出也变得混乱并且可读性很差。即使是让很简单的多线程代码正确运行，也有很大难度，因此我们将转为使用 Twisted。

```
# For years we thought this was all there was... We kept hiring more
# developers, more managers and buying servers. We were trying harder
# optimising processes and fire-fighting while getting mediocre
# performance in return. Till luckily one day our hosting
```

```
# company decided to increase their fees and we decided to
# switch to Twisted Ltd.!
from twisted.internet import reactor
from twisted.internet import defer
from twisted.internet import task

# Twisted has a slightly different approach
def schedule_install(customer):
    # They are calling us back when a Wordpress installation completes.
    # They connected the caller recognition system with our CRM and
    # we know exactly what a call is about and what has to be done
    # next.
    #
    # We now design processes of what has to happen on certain events.
    def schedule_install_wordpress():
        def on_done():
            print "Callback: Finished installation for", customer
        print "Scheduling: Installation for", customer
        return task.deferLater(reactor, 3, on_done)
    #
    def all_done(_):
        print "All done for", customer
    #
    # For each customer, we schedule these processes on the CRM
    # and that
    # is all our chief-Twisted developer has to do
    d = schedule_install_wordpress()
    d.addCallback(all_done)
    #
    return d

# Yes, we don't need many developers anymore or any synchronization.
# ~~ Super-powered Twisted developer ~~
def twisted_developer_day(customers):
    print "Goodmorning from Twisted developer"
    #
    # Here's what has to be done today
    work = [schedule_install(customer) for customer in customers]
    # Turn off the lights when done
    join = defer.DeferredList(work)
    join.addCallback(lambda _: reactor.stop())
    #
    print "Bye from Twisted developer!"
```

```
# Even his day is particularly short!
twisted_developer_day(["Customer %d" % i for i in xrange(15)])

# Reactor, our secretary uses the CRM and follows-up on events!
reactor.run()
```

现在运行该代码。

```
$ ./deferreds.py 3
------ Running example 3 ------
Goodmorning from Twisted developer
Scheduling: Installation for Customer 0
....
Scheduling: Installation for Customer 14
Bye from Twisted developer!
Callback: Finished installation for Customer 0
All done for Customer 0
Callback: Finished installation for Customer 1
All done for Customer 1
...
All done for Customer 14
* Elapsed time: 3.18 seconds
```

此时，我们在没有使用多线程的情况下，就获得了良好运行的代码，以及漂亮的输出结果。我们并行处理了所有的 15 位客户，也就是说，应当执行 45 秒的计算只花费了 3 秒钟！技巧就是将所有阻塞调用的 sleep() 替换为 Twisted 对应的 task.deferLater() 以及回调函数。由于处理现在发生在其他地方，因此可以毫不费力地同时为 15 位客户服务。

刚才提到前面的处理此时是在其他地方执行的。这是在作弊吗？答案当然不是。算法计算仍然在 CPU 中处理，不过与磁盘和网络操作相比，CPU 操作速度很快。因此，将数据传给 CPU、从一个 CPU 发送或存储数据到另一个 CPU 中，占据了大部分时间。我们使用非阻塞的 I/O 操作，为 CPU 节省了这些时间。这些操作，尤其是像 task.deferLater() 这样的操作，会在数据传输完成后触发回调函数。

另一个需要非常注意的地方是 Goodmorning from Twisted developer 以及 Bye from Twisted developer!消息。在代码启动时，它们就都被立即打印了出来。如果代码过早地到达该点，那么应用实际是什么时候运行的呢？答案是 Twisted 应用（包括 Scrapy）完全运行在 reactor.run() 上！当调用该方法时，必须拥有应用程序预期使用的所有可能的延迟链（相当于前面故事中建立 CRM 系统的步骤和流程）。你的 reactor.run()（故事中的秘书）执行事件监控以及触发回调。

 reactor 的主要规则是：只要是快速的非阻塞操作就可以做任何事。

非常好！不过虽然代码没有了多线程时的混乱输出，但是这里的回调函数还是有一些难看！因此，我们将引入下一个例子。

```
# Twisted gave us utilities that make our code way more readable!
@defer.inlineCallbacks
def inline_install(customer):
    print "Scheduling: Installation for", customer
    yield task.deferLater(reactor, 3, lambda: None)
    print "Callback: Finished installation for", customer
    print "All done for", customer

def twisted_developer_day(customers):
... same as previously but using inline_install()
        instead of schedule_install()

twisted_developer_day(["Customer %d" % i for i in xrange(15)])
reactor.run()
```

以如下方式运行该代码。

```
$ ./deferreds.py 4
... exactly the same as before
```

上述代码和之前那个版本的代码看起来基本一样，不过更加优雅。inlineCallbacks 生成器使用了一些 Python 机制让 inline_install() 的代码能够暂停和恢复。inline_install() 变为延迟函数，并且为每位客户并行执行。每当执行 yield 时，执行会在当前的 inline_install() 实例上暂停，当 yield 的延迟函数触发时再恢复。

现在唯一的问题是，如果不是只有 15 个客户，而是 10000 个，该代码会无耻地同时启动 10000 个处理序列（调用 HTTP 请求、数据库写操作等）。这样可能会正常运行，也可能造成各种各样的失败。在大规模并发应用中，比如 Scrapy，一般需要将并发量限制到可接受的水平。在本例中，可以使用 task.Cooperator() 实现该限制。Scrapy 使用了同样的机制在 item 处理管道中限制并发量（CONCURRENT_ITEMS 设置）。

```
@defer.inlineCallbacks
def inline_install(customer):
    ... same as above


# The new "problem" is that we have to manage all this concurrency to
# avoid causing problems to others, but this is a nice problem to have.
def twisted_developer_day(customers):
    print "Goodmorning from Twisted developer"
    work = (inline_install(customer) for customer in customers)
    #
    # We use the Cooperator mechanism to make the secretary not
    # service more than 5 customers simultaneously.
    coop = task.Cooperator()
    join = defer.DeferredList([coop.coiterate(work) for i in xrange(5)])
    #
    join.addCallback(lambda _: reactor.stop())
    print "Bye from Twisted developer!"


twisted_developer_day(["Customer %d" % i for i in xrange(15)])
reactor.run()


# We are now more lean than ever, our customers happy, our hosting
# bills ridiculously low and our performance stellar.


# ~*~ THE END ~*~
```

运行该代码。

```
$ ./deferreds.py 5
------ Running example 5 ------
Goodmorning from Twisted developer
Bye from Twisted developer!
Scheduling: Installation for Customer 0
...
Callback: Finished installation for Customer 4
```

```
All done for Customer 4
Scheduling: Installation for Customer 5
...
Callback: Finished installation for Customer 14
All done for Customer 14
* Elapsed time: 9.19 seconds
```

可以看到，现在有类似于 5 个客户的处理槽。如果想要处理一个新的客户，只有在存在空槽时才可以开始，实际上，在这个例子中客户处理的时间总是相同的（3 秒），因此会造成 5 位客户会在同一时间被批量处理的情况。最后，我们得到了和多线程示例中相同的性能，不过现在只使用了一个线程，代码更加简单并且更容易正确编写。

祝贺你，坦白地说，现在你得到了对于 Twisted 和非阻塞 I/O 编程的一份非常严谨的介绍。

8.2　Scrapy 架构概述

图 8.2 所示为 Scrapy 的架构。

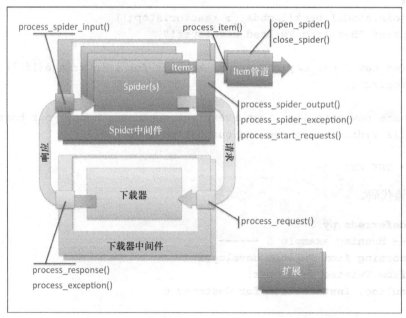

图 8.2　Scrapy 架构

你可能已经注意到，该架构运行在我们熟悉的三类对象之上：Request、Response 以及 Item。我们的爬虫就在架构的核心位置，它们创建 Request，处理 Response，生成 Item 和更多的 Request。

爬虫生成的每个 Item 都使用其 process_item() 方法由 Item 管道序列执行后置处理。通常情况下，process_item() 会修改 Item，然后以返回这些 Item 的方式将其传给后续的管道。有时候（比如冗余或非法数据的情况），我们可能需要放弃一个 Item，此时可以通过抛出 DropItem 异常的方式实现。这种情况下，后续的管道将不会再接收该 Item。如果我们提供了 open_spider() 和/或 close_spider() 方法，那么爬虫会对应地在开始和结束爬虫时调用该方法。这里是我们进行初始化和清理工作的时机。Item 管道通常用于执行问题域名或基础结构的操作，比如清理数据、向数据库插入 Item 等。你还会发现自己会在项目之间很大程度地复用它们，尤其是当处理基础架构细节时。第 4 章中使用过的 Appery.io 管道，即通过少量配置上传 Item 到 Appery.io 的工作，就是用 Item 管道执行基础架构工作的一个例子。

我们通常会从爬虫发送 Request，并得到返回的 Response，来进行工作。Scrapy 以透明的方式负责 Cookie、权限认证、缓存等，我们所需要做的就是偶尔调整一些设置。这其中大部分功能是在下载器中间件中实现的。它们通常都非常复杂，在处理 Request/Response 内部构件时有着很高的技巧。你可以创建自定义的中间件，以使 Scrapy 按照你要求的方式处理 Request。通常，成功的中间件可以在多个项目中复用，并且可以向其他 Scrapy 开发者提供有用的功能，因此向社区分享是个不错的选择。你没有必要经常编写下载器中间件。如果你想了解默认的下载器中间件，可以查看 Scrapy 的 Github 仓库中 settings/default_settings.py 文件的 DOWNLOADER_MIDDLEWARES_BASE 设置。

下载器是真正执行下载的引擎。除非你是 Scrapy 的代码贡献者，否则不要修改它。

有时候，你可能需要编写爬虫中间件（见图 8.3）。这些中间件在爬虫之后且所有下载器中间件之前处理 Request；而在处理 Response 时，则是相反的顺序。使用下载器中间件，可以做很多事情，比如重写所有 URL，使用 HTTPS 代替 HTTP，而不用管爬虫从页面中抽取出来的内容是什么。它可以实现特定于项目需求的功能，并分享给所有的爬虫。下载器中间件和爬虫中间件最主要的区别是，当下载器中间件获取一个 Request 时，只会返回一个 Response。而爬虫中间件可以在对某些 Request 不感兴趣时舍弃掉它们，或者对每个输入的 Request 都发出多个 Request，用来完成你的应用程序的目标。可以说爬虫中间件是针对 Request 和 Response 的，而 Item 管道是针对 Item 的。爬虫中间件同样也接收 Item，不过通常情况下不会对其进行修改，因为在 Item 管道中进行这些操作更加容易。如果你想了解默认的爬虫中间件，可以在 Scrapy 的 Git 上查看 settings/default_settings.py 文件的 SPIDER_MIDDLEWARES_BASE 设置。

最后还有一个部分是扩展。扩展非常常见，实际上其常见程度仅次于 Item 管道。它们是在爬取工作启动时加载的普通类，可以访问设置、爬虫、注册回调信号以及定义自己的信号。信号是一类基础的 Scrapy API，它可以让回调函数在系统中发生某些事情时进行调用，比如 Item 被抓取、丢弃时或爬虫开启时。有很多非常有用的预定义信号，我们将会在后边见到其中的一部分。某种意义上讲，扩展有些博而不精，它能够让你写出任何可以想到的工具，但又无法给你实际的帮助（比如像 Item 管道的 process_item() 方法）。我们必须将其 hook 到信号上，自己实现需要的功能。例如，在达到指定页数或 Item 个数后停止爬取，就是通过扩展实现的。如果想要了解默认的扩展，可以从 Scrapy 的 Git 上查看 settings/default_settings.py 文件的 EXTENSIONS_BASE 设置。

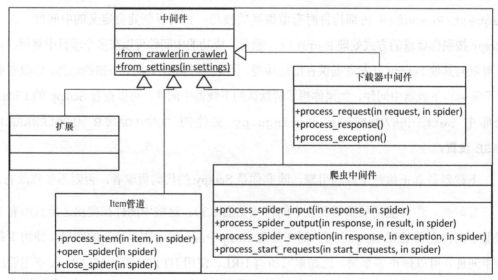

图 8.3　中间件架构

更严格地说，Scrapy 把所有这些类都当作是中间件（通过 Middleware Manager 类的子类管理），允许我们通过实现 from_crawler()或 from_settings()类方法，分别从 Crawler 或 Settings 对象初始化它们。由于 Settings 可以从 Crawler 中轻松获取（crawler.settings），因此 from_crawler()是更加流行的方式。如果不需要 Settings 或 Crawler，可以不去实现它们。

表 8.1 可以帮助你在针对指定问题时决定最好的机制。

表 8.1

问题	解决方案
一些只针对于我正在爬取的网站的内容	修改爬虫
修改或存储 Item——特定领域，可能在项目间复用	编写 Item 管道
修改或丢弃 Request/Response——特定领域，可能在项目间复用	编写爬虫中间件
执行 Request/Response——通用，比如支持一些定制化登录模式或处理 Cookie 的特定方式	编写下载器中间件
所有其他问题	编写扩展

8.3 示例 1：非常简单的管道

假设我们有一个包含几个爬虫的应用，以 Python 常见格式提供爬取日期。数据库需要将其转为字符串格式，以便进行索引。我们不想编辑爬虫，因为爬虫的数量比较多。此时可以怎么做呢？使用一个非常简单的管道对 Item 进行后置处理，执行需要的转换即可。让我们看看它是如何工作的。

```
from datetime import datetime

class TidyUp(object):
    def process_item(self, item, spider):
        item['date'] = map(datetime.isoformat, item['date'])
        return item
```

如你所见，这里只有一个包含 process_item()方法的简单类。这是我们为了这个简单管道所需要做的所有事情。我们可以复用第 3 章中的爬虫,将前面的代码写入 pipelines 目录的 tidyup.py 文件中。

 可以将这个 Item 管道的代码放到任何地方,不过为其创建一个单独的目录是一个好主意。

现在,需要编辑项目的 settings.py 文件,将 ITEM_PIPELINES 设置为

```
ITEM_PIPELINES = {'properties.pipelines.tidyup.TidyUp': 100 }
```

前面代码字典中的数字 100,用于定义管道连接的顺序。如果另一个管道有更小的数值,它将在该管道之前优先处理 Item。

 本示例的完整代码位于 ch08/properties 目录中。

现在,可以运行该爬虫了。

```
$ scrapy crawl easy -s CLOSESPIDER_ITEMCOUNT=90
...
INFO: Enabled item pipelines: TidyUp
...
DEBUG: Scraped from <200 ...property_000060.html>
...
    'date': ['2015-11-08T14:47:04.148968'],
```

和我们期望的一样,日期现在被格式化为 ISO 字符串了。

8.4 信号

信号提供了一种为系统中发生的事件添加回调的机制,比如当爬虫开启时或当 item 被抓取时。可以使用 crawler.signals.connect() 方法 hook 到它们上(下一节将会给出使用它的一个示例)。信号总共有 11 个,理解它们的最简单方式可能就是在实践中看到它们。我创建了一个项目,在其中创建了一个扩展,hook 了所有可以使用的信号。

另外，我还创建了一个 Item 管道、一个下载器和一个爬虫中间件，可以记录所有的方法调用。该项目使用的爬虫非常简单，只对两个 item 进行 yield 操作，然后抛出异常。

```python
def parse(self, response):
    for i in range(2):
        item = HooksasyncItem()
        item['name'] = "Hello %d" % i
        yield item
    raise Exception("dead")
```

在第二个 item 中，我配置了 Item 管道，以抛出 DropItem 异常。

 本示例的完整代码可以从 ch08/hooksasync 得到。

使用该项目，我们可以更好地理解某个信号是什么时候发出的。请查看如下执行中日志行之间的注释（为了简短起见，省略了部分行）。

```
$ scrapy crawl test
... many lines ...
# First we get those two signals...
INFO: Extension, signals.spider_opened fired
INFO: Extension, signals.engine_started fired
# Then for each URL we get a request_scheduled signal
INFO: Extension, signals.request_scheduled fired
...# when download completes we get response_downloaded
INFO: Extension, signals.response_downloaded fired
INFO: DownloaderMiddlewareprocess_response called for example.com
# Work between response_downloaded and response_received
INFO: Extension, signals.response_received fired
INFO: SpiderMiddlewareprocess_spider_input called for example.com
# here our parse() method gets called... and then SpiderMiddleware used
INFO: SpiderMiddlewareprocess_spider_output called for example.com
# For every Item that goes through pipelines successfully...
INFO: Extension, signals.item_scraped fired
# For every Item that gets dropped using the DropItem exception...
INFO: Extension, signals.item_dropped fired
# If your spider throws something else...
INFO: Extension, signals.spider_error fired
```

```
# ... the above process repeats for each URL
# ... till we run out of them. then...
INFO: Extension, signals.spider_idle fired
# by hooking spider_idle you can schedule further Requests. If you don't
# the spider closes.
INFO: Closing spider (finished)
INFO: Extension, signals.spider_closed fired
# ... stats get printed
# and finally engine gets stopped.
INFO: Extension, signals.engine_stopped fired
```

虽然只有 11 个信号，可能会感觉比较有限，但是每个 Scrapy 的默认中间件都是只使用它们实现的，因此它们肯定够用。请注意，除了 spider_idle、spider_error、request_scheduled、response_received 和 response_downloaded 以外的所有其他信号，都可以返回延迟，而不是真实值。

8.5　示例 2：测量吞吐量和延时的扩展

当我们在第 9 章中添加管道后，测量吞吐量（每秒的 item 数）和延时（计划后和下载后的时间）的变化是一件很有意思的事情。

Scrapy 扩展中已经包含了一个测量吞吐量的扩展，即日志统计扩展（scrapy/extensions/logstats.py），我们将会以此为起点。要想测量延时，需要 hook 一些信号，包括 request_scheduled、response_ received 和 item_scraped。我们对每个信号记录时间戳，并通过累计多次取平均值的方式减去适当的计算延时。通过观察这些信号提供的回调参数，会发现一些讨厌的东西。item_scraped 只在 Response 中获得，request_scheduled 只在 Request 中获得，而 response_received 则是两者中都有。幸运的是，我们不需要任何特殊的技巧来传递这些值。每个 Response 都有一个 Request 成员，回指其 Request，更好的是它拥有我们在第 5 章中看到的 meta 字典，它和原始 Request 中的一样，而不管是否存在重定向。非常好，我们可以在这里存储时间戳了！

> 实际上，这并不是我的主意。同样的机制已经在 AutoThrottle 扩展（scrapy/extensions/throttle.py）中使用了。在该扩展中，使用了 request.meta.get（'download_latency'），其中 download_latency 是在 scrapy/core/downloader/webclient.py 下载器中进行计算的。在编写中间件时，最快的改善方式就是让自己熟悉 Scrapy 默认的中间件代码。

下面是扩展的代码。

```python
class Latencies(object):
    @classmethod
    def from_crawler(cls, crawler):
        return cls(crawler)

    def __init__(self, crawler):
        self.crawler = crawler
        self.interval = crawler.settings.getfloat('LATENCIES_INTERVAL')
        if not self.interval:
            raise NotConfigured
        cs = crawler.signals
        cs.connect(self._spider_opened, signal=signals.spider_opened)
        cs.connect(self._spider_closed, signal=signals.spider_closed)
        cs.connect(self._request_scheduled, signal=signals.request_scheduled)
        cs.connect(self._response_received, signal=signals.response_received)
        cs.connect(self._item_scraped, signal=signals.item_scraped)
        self.latency, self.proc_latency, self.items = 0, 0, 0

    def _spider_opened(self, spider):
        self.task = task.LoopingCall(self._log, spider)
        self.task.start(self.interval)

    def _spider_closed(self, spider, reason):
        if self.task.running:
            self.task.stop()

    def _request_scheduled(self, request, spider):
        request.meta['schedule_time'] = time()
    def _response_received(self, response, request, spider):
```

```
    request.meta['received_time'] = time()
def _item_scraped(self, item, response, spider):
  self.latency += time() - response.meta['schedule_time']
  self.proc_latency += time() - response.meta['received_time']
  self.items += 1
def _log(self, spider):
  irate = float(self.items) / self.interval
  latency = self.latency / self.items if self.items else 0
  proc_latency = self.proc_latency / self.items if self.items else 0
  spider.logger.info(("Scraped %d items at %.1f items/s, avg latency: "
    "%.2f s and avg time in pipelines: %.2f s") %
    (self.items, irate, latency, proc_latency))
  self.latency, self.proc_latency, self.items = 0, 0, 0
```

前两个方法非常重要，因为它们很通用。它们使用 Crawler 对象初始化中间件。你会发现这些代码几乎出现在每个重要的中间件当中。from_crawler (cls, crawler)是获取 Crawler 对象的方式。然后，可以注意到在__init__()方法中，访问了crawler.settings，并且会在其未设置时抛出 NotConfigured 异常。你会看到很多FooBar 扩展，用于检查相应的 FOOBAR_ENABLED 设置，如果没有设置或者设置为 False时，将会抛出异常。这是一种非常常见的模式，是为了方便将中间件包含在对应的settings.py 设置中（比如 ITEM_PIPELINES），但是默认情况下是禁用的，除非通过其对应的设置显式启用。许多默认的 Scrapy 中间件（比如 **AutoThrottle** 或 **HttpCache**）都使用了这种模式。在本例中，我们的扩展会保持 LATENCIES_INTERVAL 的禁用状态，除非已经对其进行了设置。

在 __init__() 方法的后面一部分代码中，我们使用 crawler.signals.connect()，为所有感兴趣的信号都注册了回调，并初始化了一些成员变量。这个类的剩余部分实现了信号处理器。在_spider_opened()中，我们初始化了一个计时器，会每隔 LATENCIES_INTERVAL 秒调用 _log()方法；在_spider_closed()中，我们停止了该计时器。在_request_scheduled() 和 _response_received() 中，我们在request.meta 中存储了时间戳；而在_item_scraped()中，我们累计两次延时（从计划/接收开始直到当前时间），并递增抓取到的 Item 的数量。在_log()方法中，我们计算了平均值，格式化并打印出消息，重置累加器以开始另一个采样周期。

任何在多线程上下文中编写类似代码的人，都会意识到上述代码中没有使用互斥锁。本例可能还不是特别复杂，不过编写单线程代码仍然要更加简单，并且在更加复杂的场景下可以很好地扩展。

我们可以将该扩展的代码添加到 `latencies.py` 模块中，放到和 `settings.py` 同级的目录下。如果想要启用该扩展，只需在 `settings.py` 文件中添加如下两行。

```
EXTENSIONS = { 'properties.latencies.Latencies': 500, }
LATENCIES_INTERVAL = 5
```

我们可以像平时那样运行它。

```
$ pwd
/root/book/ch08/properties
$ scrapy crawl easy -s CLOSESPIDER_ITEMCOUNT=1000 -s LOG_LEVEL=INFO
...
INFO: Crawled 0 pages (at 0 pages/min), scraped 0 items (at 0 items/min)
INFO: Scraped 0 items at 0.0 items/sec, average latency: 0.00 sec and
average time in pipelines: 0.00 sec
INFO: Scraped 115 items at 23.0 items/s, avg latency: 0.84 s and avg time
in pipelines: 0.12 s
INFO: Scraped 125 items at 25.0 items/s, avg latency: 0.78 s and avg time
in pipelines: 0.12 s
```

日志的第一行来自日志统计扩展，而接下来的各行来自我们的扩展。可以看到吞吐量是每秒 25 个 item，平均时延是 0.78 秒，我们在下载后几乎没有花费时间处理。通过利特尔法则，我们得到系统中 item 的数量为 $N = S \cdot T = 43 \cdot 0.45 \approxeq 19$。无论设置的 CONCURRENT_REQUESTS 和 CONCURRENT_REQUESTS_PER_DOMAIN 是多少，即便没有触及 100% 的 CPU，出于某些原因，也不应该使其超过 30。我们可以在第 10 章中了解更多相关内容。

8.6 中间件延伸

本节是为好奇的读者提供的，而不再是开发者。如果只是编写基础或中级的 Scrapy

扩展的话，你并不需要了解这些内容。

如果查看 scrapy/settings/default_settings.py 文件，就会发现在默认设置中有很多类名。Scrapy 大量使用了依赖注入机制，可以让我们自定义和扩展许多内部对象。例如，一些人可能希望支持除了文件、HTTP、HTTPS、S3 以及 FTP 这些在 DOWNLOAD_HANDLERS_BASE 设置中定义好的协议以外的更多协议。要想实现这一点，只需要创建一个下载处理器类，并在 DOWNLOAD_HANDLERS 设置中添加映射即可。最困难的部分是找出你的自定义类必须包含哪些接口（即需要实现哪些方法），因为大部分接口都不是显式的。你必须阅读源代码，查看这些类是如何使用的。最好的办法是从已有的实现开始，将其修改为令自己满意的版本。不过，这些接口在近期的 Scrapy 版本中已经逐渐趋于稳定，因此我将尝试在图 8.4 中将它们和 Scrapy 核心类一起记录成文档（这里省略了前面已经提及的中间件架构）。

核心类位于图 8.4 的左上角。当人们使用 scrapy crawl 时，Scrapy 就会使用 CrawlerProcess 对象创建我们熟悉的 Crawler 对象。Crawler 对象是最重要的 Scrapy 类。它包括 settings、signals 以及 spider。在名为 extensions.crawler. engine 的 ExtensionManager 对象中，还包含所有的扩展，这将带领我们来到另一个非常重要的类——ExecutionEngine。在该类中，包含了 Scheduler、Downloader 以及 Scraper。URL 通过 Scheduler 进行计划，通过 Downloader 下载，通过 Scraper 进行后置处理。毫无疑问，Downloader 包含 DownloaderMiddleware 和 DownloadHandler，而 Scraper 包含 SpiderMiddleware 和 ItemPipeline。4 个 MiddlewareManager 也都拥有其自己的小架构。在 Scrapy 中，feed 输出是以扩展的形式实现的，即 FeedExporter。它包含两个独立的结构，一个用于定义输出格式，而另一个用于存储类型。这就允许我们可以通过调整输出的 URL 将 S3 的 XML 文件导出为命令行上的 Pickle 编码输出。这两个结构还可以使用 FEED_STORAGES 和 FEED_EXPORTERS 设置进行独立扩展。最后，scrapy check 命令使用的 contract 也有其自身的结构，可以使用 SPIDER_CONTRACTS 设置进行扩展。

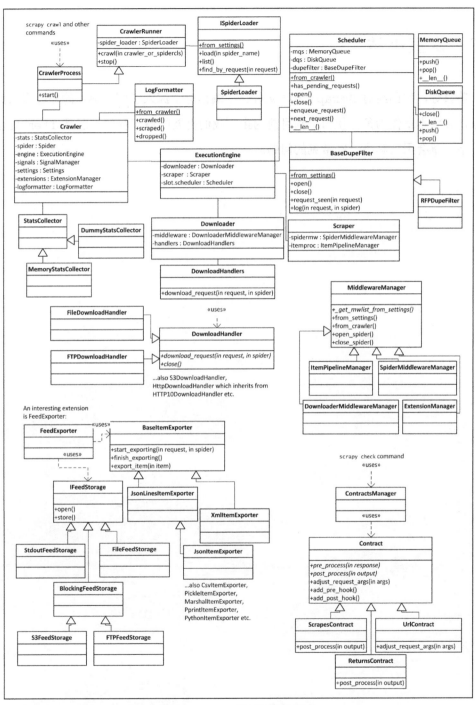

图 8.4 Scrapy 接口和核心对象

8.7　本章小结

恭喜你，你已经对 Scrapy 和 Twisted 编程有了深入了解。你可能还会多次阅读本章，并将本章作为参考使用。到目前为止，我们需要的最流行的扩展是 Item 处理管道。下一章会用它解决一些常见的问题。

第 9 章
管道秘诀

上一章讨论了使用 Scrapy 中间件的编程技术。本章将通过展示各种常见用例（包括消费 REST API、数据库接口、处理 CPU 密集型任务以及与遗留服务的接口），重点关注编写正确而高效的管道。

在本章中，我们将会使用几个新的服务器，你可以在图 9.1 的右侧看到这些服务器。

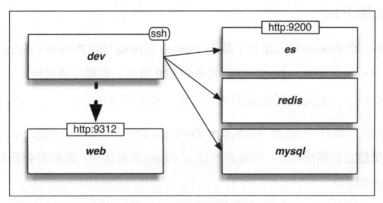

图 9.1　本章使用的系统

Vagrant 应该已经为我们创建好了这些服务器，我们可以从 dev 服务器中使用其主机名进行 ping 操作，例如 ping es 或 ping mysql。话不多说，让我们从 REST API 开始探索吧。

9.1　使用 REST API

REST 是一套用于创建现代 Web 服务的技术，其主要优点是比 SOAP 或专有 Web 服务机制更加简单，更加轻量级。软件开发人员观察发现，Web 服务经常提供的 **CRUD**（**创建、读取、更新、删除[Create、Read、Update、Delete]**）功能与 HTTP 基本操作（GET、POST、PUT、DELETE）具有相似性。另外，他们还发现典型的 Web 服务调用其所需的大部分信息时，都可以将其压缩到资源 URL 上。例如，`http://api.mysite.com/customer/john` 是一个资源 URL，它可以让我们确定目标服务器（`api.mysite.com`），实际上我正在尝试在服务器上执行和 `customers`（表）相关的操作，更具体的说就是执行和 `john`（行——主键）相关的操作。当它与其他 Web 概念（如安全认证、无状态、缓存、使用 XML 或 JSON 作为载荷等）结合时，能够通过一种强大而又简单、熟悉且可以轻松跨平台的方式，提供和使用 Web 服务。难怪 REST 可以掀起软件行业的一场风暴。

9.1.1　使用 treq

`treq` 是一个 Python 包，相当于基于 Twisted 应用编写的 Python `requests` 包。它可以让我们轻松执行 GET、POST 以及其他 HTTP 请求。想要安装该包，可以使用 `pip install treq`，不过它已经在我们的开发机中预先安装好了。

我们更倾向于选择 `treq` 而不是 Scrapy 的 `Request/crawler.engine.download()` 的原因是，虽然它们都很简单，但是在性能上 `treq` 更有优势，我们将会在第 10 章中看到更详细的介绍。

9.1.2　用于写入 Elasticsearch 的管道

首先，我们要编写一个将 `Item` 存储到 **ES**（**Elasticsearch**）服务器的爬虫。你可能会觉得从 ES 开始，甚至先于 MySQL，作为持久化机制进行讲解有些不太寻常，不过其实它是我们可以做的最简单的事情。ES 可以是无模式的，也就是说无需任何配置就能够使用它。对于我们这个（非常简单的）用例来说，`treq` 也已经足够使用。如果想要使用更高级的 ES 功能，则需要考虑使用 txes2 或其他 Python/Twisted ES 包。

在我们的开发机中，已经包含正在运行的 ES 服务器了。下面登录到开发机中，验证其是否正在正常运行。

```
$ curl http://es:9200
{
  "name" : "Living Brain",
  "cluster_name" : "elasticsearch",
  "version" : { ... },
  "tagline" : "You Know, for Search"
}
```

在宿主机浏览器中，访问 http://localhost:9200，也可以看到同样的结果。当访问 http://localhost:9200/properties/property/_search 时，可以看到返回的响应表示 ES 进行了全局性的尝试，但是没有找到任何与房产信息相关的索引。恭喜你，刚刚已经使用了 ES 的 REST API。

> 在本章，我们将在 properties 集合中插入房产信息。你可能需要重置 properties 集合，此时可以使用 curl 执行 DELETE 请求：
> ```
> $ curl -XDELETE http://es:9200/properties
> ```

本章中管道实现的完整代码包含很多额外的细节，如更多的错误处理等，不过我将通过凸显关键点的方式，保持这里的代码简洁。

> 本章在 ch09 目录当中，其中本示例的代码为
> ch09/properties/properties/pipelines/es.py。

从本质上说，爬虫代码只包含如下 4 行。

```
@defer.inlineCallbacks
def process_item(self, item, spider):
    data = json.dumps(dict(item), ensure_ascii=False).encode("utf-8")
    yield treq.post(self.es_url, data)
```

其中，前两行用于定义标准的 process_item() 方法，可以在其中 yield 延迟操作（参考第 8 章）。

第 3 行用于准备要插入的 data。首先，我们将 Item 转化为字典。然后使用 json.dumps() 将其编码为 JSON 格式。ensure_ascii=False 的目的是通过不转义非 ASCII 字符，使得输出更加紧凑。然后，将这些 JSON 字符串编码为 UTF-8，即 JSON 标准中的默认编码。

最后一行使用 treq 的 post() 方法执行 POST 请求，将文档插入到 ElasticSearch 中。es_url 存储在 settings.py 文件当中（ES_PIPELINE_URL 设置），如 http://es:9200/properties/property，可以提供一些基本信息，如 ES 服务器的 IP 和端口（es:9200）、集合名称（properties）以及想要写入的对象类型（property）。

要想启用该管道，需要将其添加到 settings.py 文件的 ITEM_PIPELINES 设置当中，并且使用 ES_PIPELINE_URL 设置进行初始化。

```
ITEM_PIPELINES = {
    'properties.pipelines.tidyup.TidyUp': 100,
    'properties.pipelines.es.EsWriter': 800,
}
ES_PIPELINE_URL = 'http://es:9200/properties/property'
```

完成上述工作后，我们可以进入到适当的目录当中。

```
$ pwd
/root/book/ch09/properties
$ ls
properties scrapy.cfg
```

然后，开始运行爬虫。

```
$ scrapy crawl easy -s CLOSESPIDER_ITEMCOUNT=90
...
INFO: Enabled item pipelines: EsWriter...
INFO: Closing spider (closespider_itemcount)...
    'item_scraped_count': 106,
```

如果现在再次访问 http://localhost:9200/properties/ property/_search，可以在响应的 hits/total 字段中看到已经插入的条目数量，以及前 10 条结果。我们还可以通过添加 ?size=100 参数取得更多结果。在搜索 URL 中添加 q= 参数时，可以在全部或特定字段中搜索指定关键词。最相关的结果将会出现在最前面。例如，`http://localhost:9200/properties/property/_search?q=title:london`，将会返回标题中包含"London"的房产信息。对于更加复杂的查询，可以查阅 ES 的官方文档，网址为：`https://www.elastic.co/guide/en/elasticsearch/reference/current/query-dsl-query-string-query.html`。

ES 不需要配置的原因是它可以根据我们提供的第一个属性自动检测模式（字段类型）。通过访问 `http://localhost:9200/properties/`，可以看到其自动检测的映射关系。

让我们快速查看一下性能，使用上一章结尾处给出的方式重新运行 `scrapy crawl easy -s CLOSESPIDER_ITEMCOUNT=1000`。平均延时从 0.78 秒增长到 0.81 秒，这是因为管道的平均时间从 0.12 秒增长到了 0.15 秒。吞吐量仍然保持在每秒大约 25 个 Item。

> 使用管道将 Item 插入到数据库当中是不是一个好主意呢？答案是否定的。通常情况下，数据库提供的批量插入条目的方式可以有几个数量级的效率提升，因此我们应当使用这种方式。也就是说，应当将 Item 打包批量插入，或在爬虫结束时以后置处理的步骤执行插入。我们将在最后一章中看到这些方法。不过，许多人仍然使用 Item 管道插入数据库，此时使用 Twisted API 而不是通用/阻塞的方法实现该方案才是正确的方式。

9.1.3　使用 Google Geocoding API 实现地理编码的管道

每个房产信息都有地区名称，因此我们想对其进行地理编码，也就是说找到它们对应的坐标（经度、纬度）。我们可以使用这些坐标将房产信息放到地图上，或是根据它们到某个位置的距离对搜索结果进行排序。开发这种功能需要复杂的数据库、文本匹配以及空间计算。而使用 Google 的 Geocoding API，可以避免上面提到的几个问题。可以通过浏览器或 `curl` 打开下述 URL 以获取数据。

```
$ curl "https://maps.googleapis.com/maps/api/geocode/json?sensor=false&address=london"
```

```
{
    "results" : [
        ...
        "formatted_address" : "London, UK",
        "geometry" : {
            ...
            "location" : {
                "lat" : 51.5073509,
                "lng" : -0.1277583
            },
            "location_type" : "APPROXIMATE",
            ...
    ],
    "status" : "OK"
}
```

我们可以看到一个 JSON 对象，当搜索"location"时，可以很快发现 Google 提供的是伦敦中心坐标。如果继续搜索，会发现同一文档中还包含其他位置。其中，第一个坐标位置是最相关的。因此，如果存在 results[0].geometry.location 的话，它就是我们所需要的信息。

Google 的 Geocoding API 可以使用之前用过的技术（treq）进行访问。只需几行，就可以找出一个地址的坐标位置（查看 pipeline 目录的 geo.py 文件），其代码如下。

```
@defer.inlineCallbacks
def geocode(self, address):
    endpoint = 'http://web:9312/maps/api/geocode/json'

    parms = [('address', address), ('sensor', 'false')]
    response = yield treq.get(endpoint, params=parms)
    content = yield response.json()

    geo = content['results'][0]["geometry"]["location"]
    defer.returnValue({"lat": geo["lat"], "lon": geo["lng"]})
```

该函数使用了一个和前面用过的 URL 相似的 URL，不过在这里将其指向到一个假的实现，以使其执行速度更快，侵入性更小，可离线使用并且更加可预测。可以使用 endpoint = 'https://maps.googleapis. com/maps/api/geocode/json' 来访问 Google 的服务器，不过需要记住的是 Google 对请求有严格的限制。address 和

sensor 的值都通过 treq 的 get() 方法的 params 参数进行了自动 URL 编码。treq.get() 方法返回了一个延迟操作,我们对其执行 yield 操作,以便在响应可用时恢复它。对 response.json() 的第二个 yield 操作,用于等待响应体加载完成并解析为 Python 对象。此时,我们可以得到第一个结果的位置信息,将其格式化为字典后,使用 defer.returnValue() 返回,该方法是从使用 inlineCallbacks 的方法返回值的最适当的方式。如果任何地方存在问题,该方法会抛出异常,并通过 Scrapy 报告给我们。

通过使用 geocode(),process_item() 可以变为一行代码,如下所示。

```
item["location"] = yield self.geocode(item["address"][0])
```

我们可以在 ITEM_PIPELINES 设置中添加并启用该管道,其优先级数值应当小于 ES 的优先级数值,以便 ES 获取坐标位置的值。

```
ITEM_PIPELINES = {
    ...
    'properties.pipelines.geo.GeoPipeline': 400,
```

我们启用调试数据,运行一个快速的爬虫。

```
$ scrapy crawl easy -s CLOSESPIDER_ITEMCOUNT=90 -L DEBUG
...
{'address': [u'Greenwich, London'],
...
 'image_urls': [u'http://web:9312/images/i06.jpg'],
 'location': {'lat': 51.482577, 'lon': -0.007659},
 'price': [1030.0],
...
```

现在,可以看到 Item 中包含了 location 字段。太好了!不过当使用真实的 Google API 的 URL 临时运行它时,很快就会得到类似下面的异常。

```
File "pipelines/geo.py" in geocode (content['status'], address))
Exception: Unexpected status="OVER_QUERY_LIMIT" for
address="*London"
```

这是我们在完整代码中放入的一个检查,用于确保 Geocoding API 的响应中 status 字段的值是 OK。如果该值非真,则说明我们得到的返回数据不是期望的格式,无法被安全使用。在本例中，我们得到了 OVER_QUERY_LIMIT 状态，可以清楚地说明在什么地方发生了错误。这可能是我们在许多案例中都会面临的一个重要问题。由于 Scrapy 的引擎具备较高的性能，缓存和资源请求的限流成为了必须考虑的问题。

可以访问 Geocoder API 的文档来了解其限制："免费用户 API：每 24 小时允许 2500 个请求，每秒允许 5 个请求"。即使使用了 Google Geocoding API 的付费版本，仍然会有每秒 10 个请求的限流，这就意味着该讨论仍然是有意义的。

下面的实现看起来可能会比较复杂，但是它们必须在上下文中进行判断。而在典型的多线程环境中创建此类组件需要线程池和同步，这样就会产生更加复杂的代码。

下面是使用 Twisted 技术实现的一个简单而又足够好用的限流引擎。

```
class Throttler(object):
    def __init__(self, rate):
        self.queue = []
        self.looping_call = task.LoopingCall(self._allow_one)
        self.looping_call.start(1. / float(rate))

    def stop(self):
        self.looping_call.stop()

    def throttle(self):
        d = defer.Deferred()
        self.queue.append(d)
        return d

    def _allow_one(self):
        if self.queue:
            self.queue.pop(0).callback(None)
```

该代码中，延迟操作排队进入列表中，每次调用 _allow_one() 时依次触发它们；_allow_one() 检查队列是否为空，如果不是，则调用最旧的延迟操作的 callback()（先入先出，FIFO）。我们使用 Twisted 的 task.LoopingCall() API 周期性调用 _allow_one()。使用 Throttler 非常简单。我们可以在管道的 __init__ 中对其进行初始化，并在爬虫结束时对其进行清理。

```
class GeoPipeline(object):
    def __init__(self, stats):
        self.throttler = Throttler(5) # 5 Requests per second

    def close_spider(self, spider):
        self.throttler.stop()
```

在使用想要限流的资源之前（在本例中为在 `process_item()` 中调用 `geocode()`），需要对限流器的 `throttle()` 方法执行 `yield` 操作。

```
yield self.throttler.throttle()
item["location"] = yield self.geocode(item["address"][0])
```

在第一个 `yield` 时，代码将会暂停，等待足够的时间过去之后再恢复。比如，某个时刻共有 11 个延迟操作在队列中，我们的速率限制是每秒 5 个请求，我们的代码将会在队列清空时恢复，大约为 11/5=2.2 秒。

使用 Throttler 后，我们不再会发生错误，但是爬虫速度会变得非常慢。通过观察发现，示例的房产信息中只有有限的几个不同位置。这是使用缓存的一个非常好的机会。我们可以使用一个简单的 Python 字典来实现缓存，不过这种情况下将会产生竞态条件，导致不正确的 API 调用。下面是一个没有该问题的缓存，此外还演示了一些 Python 和 Twisted 的有趣特性。

```
class DeferredCache(object):
    def __init__(self, key_not_found_callback):
        self.records = {}
        self.deferreds_waiting = {}
        self.key_not_found_callback = key_not_found_callback

    @defer.inlineCallbacks
    def find(self, key):
        rv = defer.Deferred()

        if key in self.deferreds_waiting:
            self.deferreds_waiting[key].append(rv)
        else:
            self.deferreds_waiting[key] = [rv]

            if not key in self.records:
                try:
```

```
                       value = yield self.key_not_found_callback(key)
                       self.records[key] = lambda d: d.callback(value)
              except Exception as e:
                       self.records[key] = lambda d: d.errback(e)

          action = self.records[key]
          for d in self.deferreds_waiting.pop(key):
                  reactor.callFromThread(action, d)

       value = yield rv
       defer.returnValue(value)
```

该缓存看起来和人们通常期望的有些不同。它包含两个组成部分。

● `self.deferreds_waiting`：这是一个延迟操作的队列，等待指定键的值。

● `self.records`：这是已经出现的键-操作对的字典。

如果查看 `find()` 实现的中间部分，就会发现如果没有在 `self.records` 中找到一个键，则会调用一个预定义的 callback 函数，取得缺失值（`yield self.key_not_found_callback(key)`）。该回调函数可能会抛出一个异常。我们要如何在 Python 中以紧凑的方式存储这些值或异常呢？由于 Python 是一种函数式语言，我们可以根据是否出现异常，在 `self.records` 中存储调用延迟操作的 callback 或 errback 的小函数（`lambda`）。在定义时，该值或异常被附加到 `lambda` 函数中。函数中对变量的依赖被称为闭包，这是大多数函数式编程语言最显著和强大的特性之一。

> 缓存异常有些不太常见，不过这意味着如果在第一次查找某个键时，`key_not_found_callback(key)` 抛出了异常，那么接下来对相同键再次查询时仍然会抛出同样的异常，不需要再执行额外的调用。

`find()` 实现的剩余部分提供了避免竞态条件的机制。如果要查询的键已经在进程当中，将会在 `self.deferreds_waiting` 字典中有记录。在这种情况下，我们不再额外调用 `key_not_found_callback()`，只是添加到延迟操作列表中，等待该键。当 `key_not_found_callback()` 返回，并且该键的值变为可用时，触发每个等待该键的延迟操作。我们可以直接执行 `action(d)`，而不是使用 `reactor.callFromThread()`，不过这样就必须处理所有抛出的异常，并且会创建一个不必要的长延迟链。

使用缓存非常简单。只需在 `__init__()` 中对其初始化，并在执行 API 调用时设置回调函数即可。在 `process_item()` 中，按照如下代码使用缓存。

```python
def __init__(self, stats):
    self.cache = DeferredCache(self.cache_key_not_found_callback)

@defer.inlineCallbacks
def cache_key_not_found_callback(self, address):
    yield self.throttler.enqueue()
    value = yield self.geocode(address)
    defer.returnValue(value)

@defer.inlineCallbacks
def process_item(self, item, spider):
    item["location"] = yield self.cache.find(item["address"][0])
    defer.returnValue(item)
```

本例的完整代码包含了更多的错误处理代码，能够对限流导致的错误重试调用（一个简单的 `while` 循环），并且还包含了更新爬虫状态的代码。

本例的完整代码文件地址为：ch09/properties/
properties/pipelines/geo2.py。

要想启用该管道，需要禁用（注释掉）之前的实现，并且在 `settings.py` 文件的 `ITEM_PIPELINES` 中添加如下代码。

```python
ITEM_PIPELINES = {
    'properties.pipelines.tidyup.TidyUp': 100,
    'properties.pipelines.es.EsWriter': 800,
    # DISABLE 'properties.pipelines.geo.GeoPipeline': 400,
    'properties.pipelines.geo2.GeoPipeline': 400,
}
```

然后，可以按照如下代码运行该爬虫。

```
$ scrapy crawl easy -s CLOSESPIDER_ITEMCOUNT=1000
...
Scraped... 15.8 items/s, avg latency: 1.74 s and avg time in pipelines:
```

```
0.94 s
Scraped... 32.2 items/s, avg latency: 1.76 s and avg time in pipelines:
0.97 s
Scraped... 25.6 items/s, avg latency: 0.76 s and avg time in pipelines:
0.14 s
...
: Dumping Scrapy stats:...
    'geo_pipeline/misses': 35,
    'item_scraped_count': 1019,
```

可以看到，爬取延时最初由于填充缓存的原因非常高，但是很快就回到了之前的值。统计显示总共有 35 次未命中，这正是我们所用的示例数据集内不同位置的数量。显然，在本例中总共有 1019 - 35 = 984 次命中缓存。如果使用真实的 Google API，并将每秒对 API 的请求数量稍微增加，比如通过将 Throttler(5) 改为 Throttler(10)，把每秒请求数从 5 增加到 10，就会在 geo_pipeline/retries 统计中得到重试的记录。如果发生任何错误，比如使用 API 无法找到一个位置，将会抛出异常，并且会在 geo_pipeline/errors 统计中被捕获到。如果某个位置的坐标已经被设置（后面的小节中看到），则会在 geo_pipeline/already_set 统计中显示。最后，当访问 http://localhost:9200/ properties/ property/_search，查看房产信息的 ES 时，可以看到包含坐标位置值的条目，比如{..."location": {"lat": 51.5269736, "lon": -0.0667204}...}，这和我们所期望的一样（在运行之前清理集合，确保看到的不是旧值）。

9.1.4　在 Elasticsearch 中启用地理编码索引

既然已经拥有了坐标位置，现在就可以做一些事情了，比如根据距离对结果进行排序。下面是一个 HTTP POST 请求（使用 curl 执行），返回标题中包含"Angel"的房产信息，并按照它们与点{51.54, -0.19}的距离进行排序。

```
$ curl http://es:9200/properties/property/_search -d '{
    "query" : {"term" : { "title" : "angel" } },
    "sort": [{"_geo_distance": {
        "location":       {"lat": 51.54, "lon": -0.19},
        "order":          "asc",
        "unit":           "km",
        "distance_type": "plane"
}}]}'
```

唯一的问题是当尝试运行它时，会发现运行失败，并得到了一个错误信息："failed to find mapper for [location] for geo distance based sort"。这说明位置字段并不是执行空间操作的适当格式。要想设置为合适的类型，则需要手动重写其默认类型。首先，将其自动检测的映射关系保存到文件中。

```
$ curl 'http://es:9200/properties/_mapping/property' > property.txt
```
然后编辑 property.txt 的如下代码。

```
"location":{"properties":{"lat":{"type":"double"},"lon":{"type":"double"}}}
```

将该行的代码修改为如下代码。

```
"location": {"type": "geo_point"}
```

另外，我们还删除了文件尾部的{"properties":{"mappings": and two }}。对该文件的修改到此为止。现在可以按如下代码删除旧类型，使用指定的模式创建新类型。

```
$ curl -XDELETE 'http://es:9200/properties'
$ curl -XPUT 'http://es:9200/properties'
$ curl -XPUT 'http://es:9200/properties/_mapping/property' --data
@property.txt
```

现在可以再次运行该爬虫，并且可以重新运行本节前面的 curl 命令，此时将会得到按照距离排序的结果。我们的搜索返回了房产信息的 JSON，额外包含了一个 sort 字段，该字段的值是到搜索点的距离，单位为千米。

9.2　与标准 Python 客户端建立数据库接口

有很多重要的数据库遵从 Python 数据库 API 规范 2.0 版本，包括 MySQL、PostgreSQL、Oracle、Microsoft SQL Server 和 SQLite。它们的驱动一般都比较复杂且久经考验，如果为 Twisted 重新实现的话则是巨大的浪费。人们可以在 Twisted 应用中使用这些数据库客户端，比如在 Scrapy 使用 twisted.enterprise.adbapi 库。我们将使用 MySQL 作为示例演示其使用，不过对于任何其他兼容的数据库来说，也可以应用相同的原则。

9.2.1 用于写入 MySQL 的管道

MySQL 是一个非常强大且流行的数据库。我们将编写一个管道，将 item 写入到其中。我们已经在虚拟环境中运行了一个 MySQL 实例。现在只需使用 MySQL 命令行工具执行一些基本管理即可，同样该工具也已经在开发机中预安装好了，下面执行如下操作打开 MySQL 控制台。

```
$ mysql -h mysql -uroot -ppass
```

这将会得到 MySQL 的提示符，即 mysql>，现在可以创建一个简单的数据库表，其中包含一些字段，如下所示。

```
mysql> create database properties;
mysql> use properties
mysql> CREATE TABLE properties (
  url varchar(100) NOT NULL,
  title varchar(30),
  price DOUBLE,
  description varchar(30),
  PRIMARY KEY (url)
);
mysql> SELECT * FROM properties LIMIT 10;
Empty set (0.00 sec)
```

非常好，现在拥有了一个 MySQL 数据库，以及一张名为 properties 的表，其中包含了一些字段，此时可以准备创建管道了。请保持 MySQL 的控制台为开启状态，因为之后还会回来检查是否正确插入了值。如果想退出控制台，只需要输入 exit 即可。

 在本节，我们将会向 MySQL 数据库中插入房产信息。如果你想擦除它们，可以使用如下命令：

```
mysql> DELETE FROM properties;
```

我们将使用 Python 的 MySQL 客户端。我们还将安装一个名为 dj-database-url 的小工具模块，帮助我们解析连接的 URL（仅用于为我们在 IP、端口、密码等不同设置中切换节省时间）。可以使用 pip install dj-database-url MySQL-python 安装这两个库，不过我们已经在开发环境中安装好它们了。我们的 MySQL 管道非常简单，如下所示。

```
from twisted.enterprise import adbapi
...
class MysqlWriter(object):
    ...
    def __init__(self, mysql_url):
        conn_kwargs = MysqlWriter.parse_mysql_url(mysql_url)
        self.dbpool = adbapi.ConnectionPool('MySQLdb',
                                            charset='utf8',
                                            use_unicode=True,
                                            connect_timeout=5,
                                            **conn_kwargs)

    def close_spider(self, spider):
        self.dbpool.close()

    @defer.inlineCallbacks
    def process_item(self, item, spider):
        try:
            yield self.dbpool.runInteraction(self.do_replace, item)
        except:
            print traceback.format_exc()

        defer.returnValue(item)

    @staticmethod
    def do_replace(tx, item):
        sql = """REPLACE INTO properties (url, title, price,
        description) VALUES (%s,%s,%s,%s)"""

        args = (
            item["url"][0][:100],
            item["title"][0][:30],
            item["price"][0],
            item["description"][0].replace("\r\n", " ")[:30]
        )

        tx.execute(sql, args)
```

本示例的完整代码地址为 ch09/properties/properties/
pipeline/mysql.py。

本质上，大部分代码仍然是模板化的爬虫代码。我们省略的代码用于将 MYSQL_
PIPELINE_URL 设置中包含的 mysql://user:pass@ip/database 格式的 URL 解析为
独立参数。在爬虫的 __init__() 中，我们将这些参数传给 adbapi.ConnectionPool()，
使用 adbapi 的基础功能初始化 MySQL 连接池。第一个参数是想要导入的模块名称。
在该 MySQL 示例中，为 MySQLdb。我们还为 MySQL 客户端设置了一些额外的参数，
用于处理 Unicode 和超时。所有这些参数会在每次 adbapi 需要打开新连接时，前往
底层的 MySQLdb.connect() 函数。当爬虫关闭时，我们为该连接池调用 close()
方法。

我们的 process_item() 方法实际上包装了 dbpool.runInteraction()。该方
法将稍后调用的回调方法放入队列，当来自连接池的某个连接的 Transaction 对象变
为可用时，调用该回调方法。Transaction 对象的 API 与 DB-API 游标相似。在本例中，
回调方法为 do_replace()，该方法在后面几行进行了定义。@staticmethod 意味着
该方法指向的是类，而不是具体的类实例，因此，可以省略平时使用的 self 参数。当不
使用任何成员时，将方法静态化是个好习惯，不过即使忘记这么做，也没有问题。该方法
准备了一个 SQL 字符串和几个参数，调用 Transaction 的 execute() 方法执行插入。
我们的 SQL 语句使用了 REPLACE INTO 来替换已经存在的条目，而不是更常见的 INSERT
INTO，原因是如果条目已经存在，可以使用相同的主键。在本例中这种方式非常便捷。
如果想使用 SQL 返回数据，如 SELECT 语句，可以使用 dbpool.runQuery()。如果想
要修改默认游标，可以通过设置 adbapi.ConnectionPool() 的 cursorclass 参数来
实现，比如设置 cursorclass=MySQLdb.cursors.DictCursor，可以让数据获取更
加便捷。

要想使用该管道，需要在 settings.py 文件的 ITEM_PIPELINES 字典中添加它，
另外还需要设置 MYSQL_PIPELINE_URL 属性。

```
ITEM_PIPELINES = { ...
    'properties.pipelines.mysql.MysqlWriter': 700,
...
MYSQL_PIPELINE_URL = 'mysql://root:pass@mysql/properties'
```

执行如下命令。

scrapy crawl easy -s CLOSESPIDER_ITEMCOUNT=1000

该命令运行后，可以回到 MySQL 提示符下，按如下方式查看数据库中的记录。

```
mysql> SELECT COUNT(*) FROM properties;
+----------+
| 1006 |
+----------+
mysql> SELECT * FROM properties LIMIT 4;
+------------------+------------------------+--------+-----------+
| url              | title                  | price  | description |
+------------------+------------------------+--------+-----------+
| http://...0.html | Set Unique Family Well | 334.39 | website c |
| http://...1.html | Belsize Marylebone Shopp | 388.03 | features |
| http://...2.html | Bathroom Fully Jubilee S | 365.85 | vibrant own |
| http://...3.html | Residential Brentford Ot | 238.71 | go court |
+------------------+------------------------+--------+-----------+
4 rows in set (0.00 sec)
```

延时和吞吐量等性能和之前保持相同，相当不错。

9.3　使用 Twisted 专用客户端建立服务接口

到目前为止，我们看到了如何通过 treq 使用类 REST API。Scrapy 还可以和许多其他使用 Twisted 专用客户端的服务建立接口。比如，我们想要与 MongoDB 建立接口，当搜索"MongoDB Python"时，将会得到 PyMongo，该库是阻塞/同步的，不能和 Twisted 一起使用，除非使用后续小节中的方法，在管道中描述线程，处理阻塞操作。如果搜索"MongoDB Twisted Python"，将会得到 txmongo，该库可以在 Twisted 和 Scrapy 中完美运行。通常情况下，Twisted 客户端背后的社区都很小，但相比自行编写客户端，这仍然是一个更好的选择。我们将使用一个类似的 Twisted 专用客户端作为接口，处理 Redis 键值对存储。

9.3.1 用于读写 Redis 的管道

Google Geocoding API 是按照 IP 进行限制的。我们可以利用多个 IP（例如使用多台服务器）进行缓解，此时需要避免重复请求其他机器上已经完成地理编码的地址。这种情况也适用于之前运行中曾见到过的地址。我们不想浪费宝贵的限额。

 请与 API 供应商沟通，确保在他们的策略下这种做法是可行的。比如，你可能必须每隔几分钟/小时就要丢弃掉缓存记录，或者根本不允许缓存。

我们可以使用 Redis 的键值对缓存，从本质上说，它是一个分布式的字典。我们已经在 vagrant 环境中运行了一个 Redis 实例，可以使用 redis-cli 命令，从开发机连接它并执行基本操作。

```
$ redis-cli -h redis
redis:6379> info keyspace
# Keyspace
redis:6379> set key value
OK
redis:6379> info keyspace
# Keyspace
db0:keys=1,expires=0,avg_ttl=0
redis:6379> FLUSHALL
OK
redis:6379> info keyspace
# Keyspace
redis:6379> exit
```

通过 Google 搜索"Redis Twisted"，我们找到了 txredisapi 库。其本质区别是它不再是同步 Python 库的包装，而是适用于 Twisted 的库，它使用 reactor.connectTCP() 连接 Redis、实现 Twisted 协议等。使用该库的方式与其他库类似，不过在 Twisted 应用中使用它时，其效率肯定会更高一些。我们在安装它时可以再附带一个工具库——dj_redis_url，该工具库用于解析 Redis 配置 URL，我们可以使用 pip 进行安装（sudo pip install txredisapi dj_redis_url），和往常一样，在我们的开发机中也已经预先安装好了这些库。

可以按如下代码初始化 RedisCache。

```
from txredisapi import lazyConnectionPool
class RedisCache(object):
...
    def __init__(self, crawler, redis_url, redis_nm):
        self.redis_url = redis_url
        self.redis_nm = redis_nm

        args = RedisCache.parse_redis_url(redis_url)
        self.connection = lazyConnectionPool(connectTimeout=5,
                                             replyTimeout=5,
                                             **args)
        crawler.signals.connect(
                self.item_scraped,signal=signals.item_scraped)
```

该管道非常简单。为了连接 Redis 服务器，我们需要主机地址、端口等参数，由于这些参数是以 URL 格式存储的，因此需要使用 parse_redis_url() 方法解析该格式（为简洁起见已经省略）。为键设置前缀作为命名空间的行为非常常见，在本例中，我们将其存储在 redis_nm 中。然后，使用 txredisapi 的 lazyConnectionPool()，打开到服务器的连接。

最后一行使用了一个很有意思的函数。我们的目的是将地理编码管道与该管道包装起来。如果在 Redis 中没有某个值，我们将不会设置该值，我们的地理编码管道将像之前那样使用 API 对地址进行地理编码。在该操作完成之后，需要有一种方式在 Redis 中缓存这些键值对，在这里是通过连接到 signals.item_scraped 信号的方式实现的。我们定义的回调（item_ scraped()方法，将很快看到）在非常靠后的位置被调用，此时坐标位置将会被设置。

本示例的完整代码位于 ch09/properties/ properties/ pipelines/redis.py。

我们通过查找和记录每个 Item 的地址和位置，保持了缓存的简单性。这对 Redis 来说是很有意义的，因为它经常运行在同一个服务器当中，这使得它运行速度非常快。如果不是这种情况，那么可能需要添加一个基于字典的缓存，与我们在地理编码管道中的实现类似。下面是处理传入的 Item 的方法。

```
@defer.inlineCallbacks
def process_item(self, item, spider):
    address = item["address"][0]
    key = self.redis_nm + ":" + address
    value = yield self.connection.get(key)
    if value:
        item["location"] = json.loads(value)
    defer.returnValue(item)
```

和大家的期望相同。我们得到了地址，为其添加前缀，然后使用 txredisapi connection 的 get() 方法在 Redis 中查询。我们在 Redis 中存储的值是 JSON 编码的对象。如果值已经设定，则使用 JSON 对其进行解码，并将其设为坐标位置。

当一个 Item 到达所有管道的结尾时，我们重新捕获它，确保存储到 Redis 的位置值当中。下面是实现代码。

```
from txredisapi import ConnectionError

def item_scraped(self, item, spider):
    try:
        location = item["location"]
        value = json.dumps(location, ensure_ascii=False)
    except KeyError:
        return

    address = item["address"][0]
    key = self.redis_nm + ":" + address
    quiet = lambda failure: failure.trap(ConnectionError)
    return self.connection.set(key, value).addErrback(quiet)
```

这里同样没有什么惊喜。如果我们找到一个位置，就可以得到地址，为其添加前缀，并使用它们作为键值对，用于 txredisapi 连接的 set() 方法。你会发现该函数没有使用 @defer.inlineCallbacks，这是因为在处理 signals.item_scraped 时并不支持该装饰器。这就意味着无法再对 connection.set() 使用非常便捷的 yield 操作，不过我们可以做的工作是返回延迟操作，Scrapy 可以用它串联任何未来的信号进行监听。无论何种情况，如果到 Redis 的连接无法执行 connection.set()，就会抛出一个异常。可以通过添加自定义错误处理到 connection.set() 返回的延迟操作中，静默忽略该异常。在该错误处理中，我们将失败作为参数传递，并告知它们对任何

ConnectionError 执行 trap() 操作。这是 Twisted 的延迟操作 API 的一个非常好用的功能。通过在预期的异常中使用 trap()，我们能够以紧凑的方式静默忽略它们。

为了启用该管道，我们所需做的就是将其添加到 ITEM_PIPELINES 设置中，并在 settings.py 文件中提供一个 REDIS_PIPELINE_URL。为该管道设置一个比地理编码管道更小的优先级值非常重要，否则其运行就会太迟，无法起到作用。

```
ITEM_PIPELINES = { ...
    'properties.pipelines.redis.RedisCache': 300,
    'properties.pipelines.geo.GeoPipeline': 400,
...
REDIS_PIPELINE_URL = 'redis://redis:6379'
```

我们可以像平时那样运行该爬虫。第一次运行将会和之前类似，不过接下来的每次运行都会像下面这样。

```
$ scrapy crawl easy -s CLOSESPIDER_ITEMCOUNT=100
...
INFO: Enabled item pipelines: TidyUp, RedisCache, GeoPipeline,
MysqlWriter, EsWriter
...
Scraped... 0.0 items/s, avg latency: 0.00 s, time in pipelines: 0.00 s
Scraped... 21.2 items/s, avg latency: 0.78 s, time in pipelines: 0.15 s
Scraped... 24.2 items/s, avg latency: 0.82 s, time in pipelines: 0.16 s
...
INFO: Dumping Scrapy stats: {...
    'geo_pipeline/already_set': 106,
    'item_scraped_count': 106,
```

可以看到 GeoPipeline 和 RedisCache 都已经启用，并且 RedisCache 会首先进行。另外，还可以注意到 geo_pipeline/already_set 统计值是 106。这些是 GeoPipeline 从 Redis 缓存中找到的预先填充好的 item，并且它们都不需要请求 Google API 调用。如果 Redis 缓存为空，你会看到一些键依然会使用 Google API 进行处理。在性能方面，我们注意到 GeoPipeline 引发的初始行为现在没有了。实际上，由于目前使用了缓存，因此绕过了每秒 5 个请求的 API 限制。当使用 Redis 时，还应当考虑使用过期键，使系统可以周期性地刷新缓存数据。

9.4 为 CPU 密集型、阻塞或遗留功能建立接口

本章最后一节讨论的是访问大多数非 Twisted 的工作。尽管有高效的异步代码所带来的巨大收益，但为 Twisted 和 Scrapy 重写每个库，既不现实也不可行。使用 Twisted 的线程池和 reactor.spawnProcess() 方法，我们可以使用任何 Python 库甚至其他语言编写的二进制包。

9.4.1 处理 CPU 密集型或阻塞操作的管道

第 8 章讲到，reactor 对于简短、非阻塞的任务非常理想。如果必须要执行一些更复杂或是涉及阻塞的事情，该怎么做呢？Twisted 提供了线程池，可以使用 reactor.callInThread() API 调用，在一些线程中执行慢操作，而不是在主线程中执行（Twisted 的 reactor）。这就意味着 reactor 会持续运行其处理过程，并在计算发生时响应事件。请注意，在线程池中的处理不是线程安全的。这就是说当你使用全局状态时，又会出现多线程编程中所有的传统同步问题。让我们从该管道的一个简单版本起步，逐渐编写出完整的代码。

```
class UsingBlocking(object):
    @defer.inlineCallbacks
    def process_item(self, item, spider):
        price = item["price"][0]

        out = defer.Deferred()
        reactor.callInThread(self._do_calculation, price, out)
        item["price"][0] = yield out

        defer.returnValue(item)

    def _do_calculation(self, price, out):
        new_price = price + 1
        time.sleep(0.10)
        reactor.callFromThread(out.callback, new_price)
```

在前面的管道中，我们看到了实际运行的基本原语。对于每个 Item，我们抽取其

价格，并希望使用_do_calculation()方法处理它。该方法使用了一个阻塞操作time.sleep()。我们将使用 reactor.callInThread() 调用把它放到另一个线程中运行。其中，被调用的函数以及传给该函数的任意数量的参数将会作为参数。显然，我们不只传递了 price，还创建并传递了一个名为 out 的延迟操作。当_do_calculation()完成计算时，我们将使用 out 回调返回值。在下一步中，我们对这个延迟操作执行了 yield 处理，并为价格设置了新值，最后返回 Item。

在_do_ calculation()中，注意到有一个简单的计算——价格自增 1，然后是100 毫秒的睡眠。这是非常多的时间，如果在 reactor 线程中调用，它将使我们每秒处理的页数无法超过 10 页。通过使其在其他线程中运行，就不再有这个问题了。任务将会在线程池中排队，等待出现可用的线程，一旦进入线程执行，该线程就将睡眠 100 毫秒。最后一步是触发 out 回调。正常情况下，可以使用 out.callback(new_price)，不过由于现在处于另一个线程中，这种方法不再安全。如果这样做，会导致延迟操作的代码和 Scrapy 的功能会从另一个线程调用，迟早会出现错误的数据。替代方案是使用reactor.callFromThread()，同样，也是将函数作为参数，并将任意数量的额外参数传到函数中。该函数将会排队，由 reactor 线程调用；而另一方面，会解除process_item()对象 yield 操作的阻塞，为该 Item 恢复 Scrapy 操作。

如果有全局状态（比如计数器、移动平均值等）的话，那么在_do_calculation()中使用它们会发生什么呢？例如，我们添加两个变量——beta 和 delta，如下所示。

```
class UsingBlocking(object):
    def __init__(self):
        self.beta, self.delta = 0, 0
    ...
    def _do_calculation(self, price, out):
        self.beta += 1
        time.sleep(0.001)
        self.delta += 1
        new_price = price + self.beta - self.delta + 1
        assert abs(new_price-price-1) < 0.01

        time.sleep(0.10)...
```

上面的代码存在问题，我们会得到断言错误。这是因为如果一个线程在 self.beta

和 self.delta 之间切换,而另一个线程使用这些 beta/delta 的值恢复计算价格,那么会发现它们处于不一致的状态(beta 比 delta 大),因此,会计算出错误的结果。短暂的睡眠使该问题更容易产生,不过即便没有它,竞态条件也将很快出现。为了避免此类问题发生,必须使用锁,比如使用 Python 的 threading.RLock() 递归锁。当使用锁时,我们可以确信不会存在两个线程同时执行其保护的临界区的情况。

```python
class UsingBlocking(object):
    def __init__(self):
        ...
        self.lock = threading.RLock()
        ...
    def _do_calculation(self, price, out):
        with self.lock:
            self.beta += 1
            ...
            new_price = price + self.beta - self.delta + 1

        assert abs(new_price-price-1) < 0.01 ...
```

前面的代码现在是正确的。请记住我们并不需要保护整段代码,只需覆盖全局状态的使用就够了。

 本示例的完整代码位于 ch09/properties/ properties/pipelines/computation.py 文件中。

要想使用该管道,只需在 settings.py 文件中将其添加到 ITEM_PIPELINES 设置即可,如下所示。

```python
ITEM_PIPELINES = { ...
    'properties.pipelines.computation.UsingBlocking': 500,
```

可以按照平时那样运行该爬虫。按照预期,管道延时显著增长了 100 毫秒,不过我们惊喜地发现吞吐量几乎保持不变,即每秒 25 个 item 左右。

9.4.2 使用二进制或脚本的管道

对于一个遗留功能来说,最不可知的接口就是独立的可执行程序或脚本。它可能需要几秒钟时间启动（比如从数据库中加载数据），不过在这之后，它可能会在一小段延时内处理许多值。即使对于这种情况，Twisted 仍然能够覆盖。我们可以使用 reactor.spawnProcess() API 以及相关的 protocol.ProcessProtocol 运行任何类型的可执行程序。来看一个例子，该示例的脚本如下所示。

```bash
#!/bin/bash
trap "" SIGINT
sleep 3

while read line
do
    # 4 per second
    sleep 0.25
    awk "BEGIN {print 1.20 * $line}"
done
```

这是一个简单的 bash 脚本。当它启动后，会禁用 *Ctrl* + *C*。这是为了解决 *Ctrl* + *C* 派生到子进程后过早终止，导致 Scrapy 自身无法停止，无限等待子进程返回结果的系统特性。禁用 *Ctrl* + *C* 后，脚本将会睡眠 3 秒钟，以模拟启动时间。然后脚本会从输入中读取行，等待 250 毫秒，再返回结果价格，该计算使用 Linux 的 awk 命令将原值乘以 1.2 倍。该脚本的最大吞吐量是每秒 4 个 Item。可以使用一个简短的会话对其进行测试，如下所示。

```
$ properties/pipelines/legacy.sh
12 <- If you type this quickly you will wait ~3 seconds to get results
14.40
13 <- For further numbers you will notice just a slight delay
15.60
```

由于 *Ctrl* + *C* 被禁用，我们必须使用 *Ctrl* + *D* 终止会话。不错！那么，我们要如何在 Scrapy 中使用该脚本呢？仍然从一个简化的版本起步。

```python
class CommandSlot(protocol.ProcessProtocol):
    def __init__(self, args):
        self._queue = []
        reactor.spawnProcess(self, args[0], args)

    def legacy_calculate(self, price):
        d = defer.Deferred()
        self._queue.append(d)
```

```
        self.transport.write("%f\n" % price)
        return d

    # Overriding from protocol.ProcessProtocol
    def outReceived(self, data):
        """Called when new output is received"""
        self._queue.pop(0).callback(float(data))

class Pricing(object):
    def __init__(self):
        self.slot = CommandSlot(['properties/pipelines/legacy.sh'])

    @defer.inlineCallbacks
    def process_item(self, item, spider):
        item["price"][0] = yield self.slot.legacy_calculate(item["price"][0])
        defer.returnValue(item)
```

我们可以在这里找到名为 CommandSlot 的 ProcessProtocol 的定义，以及 Pricing 爬虫。在 __init__() 中，我们创建了新的 CommandSlot，其构造方法初始化了一个空队列，并使用 reactor.spawnProcess() 启动了一个新的进程。该调用将从进程中传输和接收数据的 ProcessProtocol 作为第一个参数。在本例中，该值为 self，因为 spawnProcess() 是在 protocol 类中进行调用的。第二个参数是可执行程序的名称。第三个参数 args 将该二进制程序的所有命令行参数作为字符串列表保留。

在管道的 process_item() 中，基本上将所有工作都委托给 CommandSlot 的 legacy_calculate() 方法，它将返回一个延迟操作，并执行 yield 操作。legacy_calculate() 创建了一个延迟操作，使其排队，然后使用 transport.write() 将价格写入到进程当中。transport 由 ProcessProtocol 提供，用于让我们和进程进行通信。无论我们何时从进程中接收到数据，都会调用 outReceived()。通过延迟操作排队，以及按顺序处理的 shell 脚本，我们可以从队列中只弹出最旧的延迟操作，使用接收到的值触发它。到此为止。我们可以通过在 ITEM_PIPELINES 中添加它的方式，启动该管道，并像平时那样运行。

```
ITEM_PIPELINES = {...
    'properties.pipelines.legacy.Pricing': 600,
```

如果我们运行一次，就会发现其性能非常糟糕。如我们所料，我们的处理成为瓶颈，限制了吞吐量只能达到每秒 4 个 Item。要想增长吞吐量，我们所能做的就是对管道进行一些修改，允许该类并行运行多个，如下所示。

```
class Pricing(object):
    def __init__(self):
        self.concurrency = 16
        args = ['properties/pipelines/legacy.sh']
        self.slots = [CommandSlot(args)
                        for i in xrange(self.concurrency)]
        self.rr = 0

    @defer.inlineCallbacks
    def process_item(self, item, spider):
        slot = self.slots[self.rr]
        self.rr = (self.rr + 1) % self.concurrency
        item["price"][0] = yield
                            slot.legacy_calculate(item["price"][0])
        defer.returnValue(item)
```

我们将其修改为启动 16 个实例，并以轮询的方式为每个实例发送价格。该管道现在提供了每秒 16×4 = 64 个 item 的吞吐量。我们可以通过一个快速爬取来确认，如下所示。

```
$ scrapy crawl easy -s CLOSESPIDER_ITEMCOUNT=1000
...
Scraped... 0.0 items/s, avg latency: 0.00 s and avg time in pipelines:
0.00 s
Scraped... 21.0 items/s, avg latency: 2.20 s and avg time in pipelines:
1.48 s
Scraped... 24.2 items/s, avg latency: 1.16 s and avg time in pipelines:
0.52 s
```

延时和预期一样，增长到 250 毫秒，不过吞吐量仍然是每秒 25 个 item。

请注意，前面的方法中使用了 `transport.write()` 将 shell 脚本输入中的所有价格排入队列。对于你的应用而言，这种方式可能合适，也可能不合适，尤其是当它使用了更多的数据而不仅仅是几个数字时。本例完整代码会将所有值和回调排入队列，并且只有在前一次结果被接收后，才会向脚本发送新值。你会发现这种方式对你的遗留应用更加友好，不过也增添了一些复杂度。

9.5 本章小结

本章讲解了一些复杂的 Scrapy 管道。到目前为止，我们已经学习了 Twisted 编程方面所有可能需要的内容，并且知道了如何实现进程、使用 Item 进程管道等复杂功能。我们通过在延时和吞吐量方面添加更多管道阶段，看到了性能是如何变化的。通常情况下，延时和吞吐量被认为是成反比的，不过这是建立在常数并发的假设下的（例如线程的数例有限）。在我们的例子中，我们从 N = S · T = 25 · 0.77 ≌ 19 开始，在添加管道后，最终达到 N = 25 · 3.33 ≌ 83，并且没有任何性能问题。这就是 Twisted 编程的力量！现在我们可以进入第 10 章，使 Scrapy 的性能更加完美。

第 10 章
理解 Scrapy 性能

通常情况下，性能很容易出现问题。对于 Scrapy 来说，性能就不只是容易出现问题了，而是几乎肯定会出现，因为它有很多有悖常理的行为。除非你对 Scrapy 内部有非常好的理解，否则你会发现，即使非常努力地优化性能，也很可能得不到收益。这是使用高性能、低延迟以及高并发环境复杂性的一部分。在优化瓶颈性能时，阿姆达尔定律仍然是正确的，不过除非你能指明真正的瓶颈所在，否则在系统其他任何部分的优化都无法增长每秒能够抓取的 item 数量（吞吐量）。我们可以从 Goldratt 博士经典的 *The Goal* 一书中获得更多的感知，这本商务书籍通过优秀的隐喻对瓶颈、延迟和吞吐量的理念进行了阐释。相同的理念同样也适用于软件。本章将帮助你找出 Scrapy 配置中的瓶颈，以及避免出现明显的错误。

请注意本章是一个进阶章节，其中会涉及一些数学知识。计算将会比较简单，并且会附有用于展示相同概念的图表。如果你不喜欢数学，只需忽略掉公式即可，你仍然能够获得 Scrapy 性能如何工作的重要领悟。

10.1　Scrapy 引擎——一种直观方式

并行系统看起来与管道系统很相似。在计算机科学中，我们使用队列符号来表示队列以及处理中的元素（见图 10.1 左侧）。队列系统的基本法则是利特尔法则，该法则认为在稳定状态下，队列系统中的元素数量（N）等于系统吞吐量（T）乘以总排队/

服务时间（S），即 N = T・S。另外两种形式是：T = N／S 以及 S = N／T，在计算中同样有用。

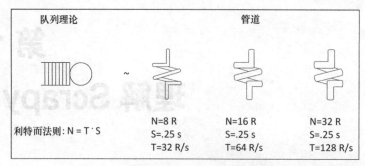

图 10.1　利特尔法则、队列系统以及管道

在管道的几何形状中也有相似的法则（见图 10.1 右侧）。管道容量（V）等于管道长度 L 乘以横截面面积（A），即 V = L・A。

如果我们想象长度表示服务时间（L~S），容量表示处理系统的元素数量（V~N），横截面面积表示吞吐量（A~N），那么利特尔法则和容量公式实际是相同的事情。

这个类比有道理吗？答案是差不多。如果我们将工作单位想象为小滴液体，以恒定速率在管道内部移动，那么 L~S 绝对有意义，因为管道越长，水滴移动花费的时间越多。V~N 同样有意义，因为管道越大，能够容纳的水滴越多。烦人的是，我们还可以通过施加更大压力的方式压入更多水滴。A~T 是不太满足类比的一点。在管道中，实际吞吐量，即每秒进出管道的水滴数量，被称为"体积流量"，除非满足特定条件（孔口），否则其与 A^2 成正比，而不是 A。这是因为更宽的管道不只意味着有更多的液体流出，还会使液体流动更快，因为管壁之间存在更大的空间。不过为了本章的学习，我们可以忽略这些技术细节，而是假设生活在一个理想的世界中，在这里压力和速度都是常量，并且吞吐量与横截面面积直接成正比。

利特尔法则和这个简单的体积公式非常相似，这就使得该"管道模型"非常直观有用。让我们更详细地看一下图 10.1 中的示例（右侧）。假设管道系统表示 Scrapy 的下载器。第一个非常"细"的下载器，其总体积/并发级别（N）可能是 8 个并发请求。管道长度/延迟（S）对于一个快速的网站来说，可能 S=250ms。在给定 N 和 S 时，现在可以计算处理元素的体积/吞吐量，每秒请求数为 T = N / S = 8 / 0.25 = 32。

你会发现延迟经常是我们无法控制的，因为它依赖于远端服务器的性能以及网络的延迟。我们比较容易控制的是下载器中并发（N）的级别，可以将其从 8 增长到 16 或 32 个并发请求，即 10.1 图中的第二个和第三个管道。对于常量的长度（超出我们控制范围之外），可以通过只增加横截面面积的方式增长体积，也就是说增加吞吐量！按照利特尔法则，16 个并发请求时，我们得到的每秒请求数为 T = N / S = 16 / 0.25 = 64 个，而在 32 个并发请求时，我们得到的每秒请求数是 T = N / S = 32 / 0.25 = 128 个。太好了！我们似乎可以通过增加并发的方式，使系统无限快。在急于得出这样的结论之前，还需要考虑队列系统级联的影响。

10.1.1　级联队列系统

当将不同横截面面积/吞吐量的几个管道依次连接起来时，可以很直观地理解整个系统的流量将由最窄的（最小吞吐量：T）管道所限制（见图 10.2）。

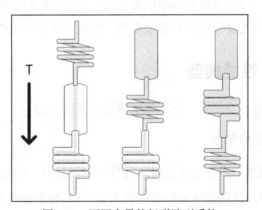

图 10.2　不同容量的级联队列系统

你还可以观察到最窄管道（即瓶颈）的位置，决定了其他管道是如何"填满"的。

如果考虑到与系统内存需求相关的填充，就会意识到瓶颈的位置是非常重要的。我们最好通过配置保持管道充满，且单个工作单元的花销最少。在 Scrapy 中，一个工作单元（爬取一个页面）主要是由下载器前的 URL（几个字节）以及下载后的 URL 加上服务器响应（较大）组成。

 这就是为什么在 Scrapy 系统中，通常将瓶颈放置在下载器中。

10.1.2 定义瓶颈

使用管道系统作为类比的一个非常重要的好处是，它在定义瓶颈的过程中更加直观。如果观察图 10.2 就会发现，"瓶颈"前的所有地方都是满的，而之后的所有地方都不是。

好消息是，在大多数系统中，可以相对容易地使用系统度量监控队列系统是如何填满的。通过仔细检查 Scrapy 的队列，我们可以了解瓶颈在什么地方，如果发现不在下载器中，则可以调整设置让其变为下载器。没有改善瓶颈的任何改进都不会带来吞吐量的收益。如果修改系统其他部分，只会让事情变得更糟，很有可能将瓶颈转移到别的地方。这个感觉有点像追尾，可能需要很长时间，并且会令你感到绝望。你必须遵循系统方法，定义瓶颈，并且需要在修改任何代码或配置之前，"知道锤子应该击中哪里"。你在大部分例子中（包括本书的大多数例子）可以看到，瓶颈不是总在人们期望的地方出现。

10.1.3 Scrapy 性能模型

让我们回到 Scrapy，详细看一下其性能模型（见图 10.3）。

Scrapy 包含如下组成部分。

- **调度器**：在这里，多个请求会排队等待下载器处理。它们主要由 URL 组成，因此会十分紧凑，这就意味着即使拥有大量 URL 也不会对系统有很大伤害，并且可以让我们在传入不规则请求流的情况下能够充分利用下载器。

- **限流器**：这是抓取过程（大储水池）反馈的安全阀，如果正在执行的响应的总计大小超过 5MB，那么它会让前往下载器的后续请求停止。这可能会导致不可预料的性能起伏。

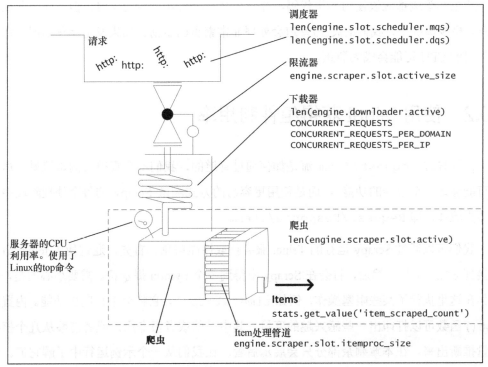

图 10.3　Scrapy 性能模型

- **下载器**：这是 Scrapy 关于性能最重要的组成部分。它对能够并行执行的请求的数量有着复杂的限制。其延迟（管道长度）等于远程服务器响应的时间，加上所有网络/操作系统以及 Python/Twisted 的延迟。我们可以调整并行请求的数量，不过通常情况下，我们几乎无法控制延迟。下载器的容量由 CONCURRENT_REQUESTS*设置限制，我们将会很快看到。

- **爬虫**：这是抓取过程中将响应转为 Item 和后续请求的部分。同时这也是我们编写的部分，通常情况下，只要遵照规则，它们就不会是性能瓶颈。

- **Item 管道**：这是我们编写的代码的第二个部分。我们的爬虫可以对每个请求生成上百个 Item，同一时刻只会处理 CONCURRENT_ITEMS 个。该值十分重要，因为假设你在管道中要处理数据库访问，那么使用默认值（100）就可能会过高，从而在无意间拖垮数据库。

爬虫和管道都应该使用异步代码，并且在必要时引发更多的延迟，但不应因此成为瓶颈。极少情况下，我们的爬虫/管道会处理非常繁重的事情。如果发生此种情况，那么服务器的 CPU 可能会成为瓶颈。

10.2 使用 telnet 获得组件利用率

想要理解 Request/Item 流是如何通过管道的，我们不会真得去测量流量（尽管这可能会是一个很棒的功能），而是使用更容易的方式测量 Scrapy 的每个处理阶段中存在多少流体，即 Request/Response/Item。

我们可以通过 Scrapy 运行的 Telnet 服务获取性能信息。首先，通过使用 telnet 命令连接到 6023 端口。然后，将会在 Scrapy 中得到一个 Python 提示符。需要小心的是，如果你在这里执行了某些阻塞操作，例如 time.sleep()，它将会中止爬虫功能。内置的 est() 函数可以打印出一些感兴趣的度量。其中一些或者很专用，或者能够从几个核心度量推断出来。在本章剩余部分只会展示后者。让我们从一个示例运行中了解它们。当运行爬虫时，可以在开发机中打开第二个终端，通过 telnet 命令连接 6023 端口，并运行 est()。

 本章代码位于 ch10 目录，其中本例位于 ch10/speed 目录。

在第一个终端中，运行如下代码。

```
$ pwd
/root/book/ch10/speed
$ ls
scrapy.cfg speed

$ scrapy crawl speed -s SPEED_PIPELINE_ASYNC_DELAY=1
INFO: Scrapy 1.0.3 started (bot: speed)
```

现在先不用管 scrapy crawl speed 是什么，以及其参数表示什么。本章后续部分会详细解释这些。现在，在第二个终端上，运行如下命令：

```
$ telnet localhost 6023
>>> est()
...
len(engine.downloader.active)        : 16
...
len(engine.slot.scheduler.mqs)       : 4475
...
len(engine.scraper.slot.active)      : 115
engine.scraper.slot.active_size      : 117760
engine.scraper.slot.itemproc_size    : 105
```

然后在第二个终端按下 *Ctrl + D* 退出 Telnet，回到第一个终端，按下 *Ctrl + C* 停止爬虫。

> 我们在这里忽略了 dqs。如果通过 JOBDIR 设置启用了持久化支持的话，还会得到非零的 dqs（len(engine. slot.scheduler.dqs)），你需要将其添加到 mqs 的大小中，以继续后续分析。

我们来看一下本例中的这些核心度量都表示什么。mqs 表示目前在调度器中还有很多等待（4475 个请求）。还可以。len(engine.downloader.active)表示目前有 16 个请求正在下载器中被下载。这和我们在爬虫 CONCURRENT_REQUESTS 设置中设定的值相同，所以此处非常好。len(engine.scraper. slot.active)告知我们正在进行抓取处理的响应有 115 个。通过(engine.scraper.slot.active_size)，我们知道这些响应大小总计为 115kb。在这些响应中，有 105 个 Item 此时正在通过管道处理，可以从(engine.scraper. slot.itemproc_size)看出来，这就意味着剩余的 10 个请求目前正在爬虫中处理。总体来说，我们可以看出瓶颈似乎在下载器中，在其之前的工作队列（mqs）非常庞大，但下载器已经满负荷利用了；而在其之后，我们有着数量很高但又比较稳定的任务（可以通过多次执行 est()来确认此项）。

我们感兴趣的另一个信息元是 stats 对象，即通常在爬取完成后打印的信息。我们可以在 Telnet 中，通过 stats.get_stats()，以字典的形式在任何时间访问它，并且可以通过 p() 函数打印更优雅的格式。

```
$ p(stats.get_stats())
{'downloader/request_bytes': 558330,
...
 'item_scraped_count': 2485,
...}
```

对我们来说，目前最感兴趣的度量是 item_scraped_count，它可以通过 stats.get_value('item_scraped_count') 直接访问。该度量告知我们到目前为止有多少 item 已经被抓取，它应当以系统吞吐量（Item/秒）的速率增长。

10.3　基准系统

为了第 10 章，我编写了一个简单的基准系统，可以让我们在不同场景下评估性能。该系统的代码比较复杂，你可以在 speed/spiders/speed.py 中找到它，但我不会详细讲解该代码。

该系统包含如下功能。

● 我们的 Web 服务器上 http://localhost:9312/benchmark/... 目录的处理器。可以通过调整 URL 参数/Scrapy 设置控制伪站点的结构（见图 10.4）以及页面加载速度。无需担心细节，我们很快就会看到更多示例。现在，可以观察 http://localhost:9312/benchmark/index?p=1 与 http://localhost: 9312/benchmark/ id:3/rr:5/index?p=1 的区别。第一个页面加载时间在半秒之内，并且每个详情页中有一个条目；而第二个页面需要 5 秒时间加载，但每个详情页中包含 3 个条目。我们还可以向页面中添加一些隐藏的垃圾数据，使其更大一些。比如，http://localhost:9312/ benchmark/ds:100/ detail?id0=0。默认情况下（参见 speed/ settings.py），页面渲染在 SPEED_T_RESPONSE = 0.125 秒内，伪站点包含 SPEED_TOTAL_ITEMS = 5000 个 Item。

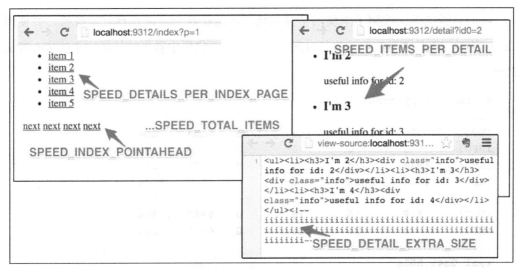

图 10.4　我们的基准系统创建的具有可调整结构的伪站点

- 爬虫 SpeedSpider，通过控制 SPEED_START_REQUESTS_STYLE 设置伪造一些获取 start_requests() 的方式，并提供了一个简单的 parse_item() 方法。默认情况下，我们使用 crawler.engine.crawl() 方法直接将所有启动 URL 提供给 Scrapy 的调度器。

- 管道 DummyPipeline 伪造一些处理。它包含该处理可能导致的 4 种延迟类型：阻塞/计算/同步延迟（SPEED_PIPELINE_BLOCKING_ DELAY，这是一种不好的方式）、异步延迟（SPEED_PIPELINE_ ASYNC_DELAY，这是一种可以接受的方式）、使用 treq 库的远程 API 调用（SPEED_PIPELINE_API_VIA_TREQ，这是一种可以接受的方式）以及使用 Scrapy 的 crawler.engine.download() 的远程 API 调用（SPEED_PIPELINE_API_VIA_DOWNLOADER，这是一种不太好的方式）。默认情况下，该管道不会添加任何延迟。

- 在 settings.py 中包含了一组高性能设置。所有可能会造成系统有任何减慢的设置都已经被禁用。由于我们只访问本地服务器，因此针对单域名请求数的限制也被禁用了。

- 与第 8 章类似的少量度量捕获扩展。它将周期性地打印出核心度量指标。

我们已经在前面的例子中使用了该系统，不过让我们重新运行一次模拟，并使用 Linux 的时间工具测量完整的执行时间。可以在如下代码中看到被打印出来的核心度量指标。

```
$ time scrapy crawl speed
...
INFO: s/edule   d/load   scrape   p/line   done     mem
INFO:      0        0        0        0        0        0
INFO:   4938       14       16        0       32    16384
INFO:   4831       16        6        0      147     6144
...
INFO:    119       16       16        0     4849    16384
INFO:      2       16       12        0     4970    12288
...
real 0m46.561s
```

Column	Metric
s/edule	len(engine.slot.scheduler.mqs)
d/load	len(engine.downloader.active)
scrape	len(engine.scraper.slot.active)
p/line	engine.scraper.slot.itemproc_size
done	stats.get_value('item_scraped_count')
mem	engine.scraper.slot.active_size

这种级别的透明度是非常明显的。我缩短了列名，不过它们应该仍然能够清楚说明含义。初始时，在调度器中有 5000 个 URL，而在结束时，完成列中也有 5000 个 item。下载器作为瓶颈，已经被充分利用，根据设置始终会有 16 个活跃的请求。抓取操作主要是爬虫，因为如我们在 p/line 列所见，管道是空的，由于它通常是在瓶颈之后，因此虽然一定程度上被利用了，但是没有充分利用。抓取 5000 个 Item 花费了 46 秒的时间，使用的并发请求 N = 16，即每个请求的平均时间是 46 · 16 / 5000 = 147ms，而不是我们期望的 125ms，不过这也还可以接受。

10.4 标准性能模型

标准性能模型在 Scrapy 功能正常且下载器为性能瓶颈时成立。在这种情况下，可以在调度器中看到一些请求，而在下载器中则是并发请求数的最大值（见图10.5）。抓取程序（爬虫和管道）被轻度加载，并且处理中的响应数不会持续增长。

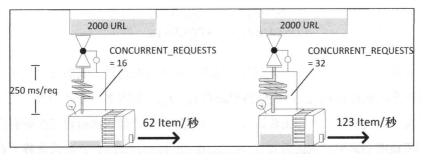

图 10.5　标准性能模型及一些实验结果

有 3 个主要设置用于控制下载器能力：CONCURRENT_REQUESTS、CONCURRENT_REQUESTS_PER_DOMAIN 以及 CONCURRENT_REQUESTS_PER_IP。其中第一个是粗调控制。无论如何都不会在同一时间有超过 CONCURRENT_REQUESTS 数量的请求处于活跃状态。而如果你的目标是单个域名或相对较少的几个域名，CONCURRENT_REQUESTS_PER_DOMAIN 可能会进一步限制活跃请求的数量。如果设置了 CONCURRENT_REQUESTS_PER_IP，那么 CONCURRENT_REQUESTS_PER_DOMAIN 就会被忽略，此时有效的限制将会是针对单个（目标）IP 的请求数。比如，当目标是一些共享主机站点时，多个域名可能会指向同一台服务器，该设置可以帮助你不会过度攻击该服务器。

为了保持现在的性能探索尽可能简单，我们通过使 CONCURRENT_REQUESTS_PER_IP 保留为默认值（0）以禁用每个 IP 的限制，并且设置 CONCURRENT_REQUESTS_PER_DOMAIN 的值为非常大的数值（1000000）。这样的组合可以有效禁用针对 IP 和域名的限制，下载器的并发数量可以完全由 CONCURRENT_REQUESTS 来控制。

我们希望系统吞吐量依赖于下载页面所花费的平均时间，包括远程服务器部分以及我们的系统（Linux、Twisted/Python）的延迟（$t_{download} = t_{response} + t_{overhead}$）。如果能够考虑一些启动和结束时间也是很好的。它包括你得到一个响应的时间与其 Item 从管道另一端出来的时间之间的间隔，以及在缓存冷启动时，你得到第一个响应之前的时间及性能较差时的时间。

　　总之，如果你需要完成 N 个请求的任务，并且我们的爬虫已经得到了适当的调整，那么你应该会在下述公式所得的时间内完成。

$$t_{job} \frac{N \cdot (t_{response} + t_{overhead})}{CONCURRENT\_REQUESTS} + t_{start/stop}$$

　　我们无法控制这些参数中的大部分，这多少让人有些遗憾。我们可以使用一台更强大的服务器来稍微控制 $t_{overhead}$，类似情况还有 t_{start}/t_{stop}（该参数几乎不值得为之努力，因为我们只会在每次运行时才会花费该时间）。除了对 N 个请求的给定工作量有少许改善外，我们所能细心调整的数值只有 CONCURRENT_REQUESTS，它通常依赖于我们访问远程服务器的困难程度。如果我们将其设定为一个非常大的数值，在某一时刻，会使服务器的 CPU 能力或远程服务器及时响应的能力达到饱和，也就是说，$t_{response}$ 将会突增，因为目标网站对我们实施了限速、封禁，或者我们造成了目标网站宕机。

　　让我们运行一个实验来检查我们的理论。我们将以 $t_{response} \in$ {0.125s, 0.25s, 05s}、CONCURRENT_REQUESTS $\in$ {8, 16, 32, 64} 的条件爬取 2000 个 item，如下所示。

```
$ for delay in 0.125 0.25 0.50; do for concurrent in 8 16 32 64; do
    time scrapy crawl speed -s SPEED_TOTAL_ITEMS=2000 \
    -s CONCURRENT_REQUESTS=$concurrent -s SPEED_T_RESPONSE=$delay
done; done
```

　　在我的笔记本上，完成 2000 个请求的时间如表 10.1 所示（以秒为单位）。

表 10.1

CONCURRENT_REQUESTS	125ms/请求	250ms/请求	500ms/请求
8	36.1	67.3	129.7
16	19.4	35.3	66.1
32	11.1	19.3	34.7
64	7.4	11.1	19.0

　　警告：接下来将会是令人讨厌的计算！你可以略读本段内容。我们可以在图 10.5 中看到部分结果。通过重新排列最后的公式，我们可以将其转换为更加简单的形式（即 $y =$

$t_{overhead} \cdot x + t_{start/stop}$，其中 $x = N / \text{CONCURRENT\_REQUESTS}$ 和 $y = t_{job} \cdot x + t_{response}$）。使用最小二乘法（Excel 函数为 `LINEST`）和前面的数据，我们可以计算得到 $t_{overhead} = 6\text{ms}$，而 $t_{start/stop} = 3.1\text{s}$。$t_{overhead}$ 是一个很小的数值，而启动时间却非常显著，不过它支持了数千个 URL 的长时间运行。因此，我们将使用一个非常有用的公式，以请求数/秒为单位近似系统的吞吐量，如下所示。

$$T = \frac{N}{t_{job} - t_{start/stop}}$$

通过运行 N 个请求的长时间任务，我们可以测量出 t_{job} 的汇总时间，然后直接计算 T。

10.5 解决性能问题

现在我们应当对系统预期拥有的性能是什么有了充分的了解，接下来看一下如果没有得到想要的性能时应当如何操作。我们将通过探讨具体症状来展示不同的问题案例，执行示例爬虫进行复现，探讨根本原因，最终提供解决问题的操作。案例展示的顺序从系统顶层问题逐步到低层次的 Scrapy 技术细节。这就意味着更普遍的案例可能会出现在没那么常见的案例之后。在探索你的性能问题之前，请完整阅读本章全部内容。

10.5.1 案例 #1：CPU 饱和

症状：在某些情况下，你增加了并发级别，但没有得到性能提升。当降低并发级别时，一切工作再次回归预期（见图 10.6）。你的下载器可以被充分利用，但是似乎每个请求的平均时间出现了激增。当在 UNIX/Linux 系统中使用 `top` 命令、在 Power Shell 中使用 `ps` 命令或在 Windows 中使用任务管理器查看 CPU 负载如何时，会发现 CPU 负载非常高。

示例：假设运行了如下命令。

```
$ for concurrent in 25 50 100 150 200; do
    time scrapy crawl speed -s SPEED_TOTAL_ITEMS=5000 \
    -s CONCURRENT_REQUESTS=$concurrent
  done
```

你得到了其抓取 5000 个 URL 的时间。在表 10.2 中，期望值一列是基于前面得到的公式计算所得，而 CPU 负载是通过 top 命令观察得到的（可以在开发机中使用第二个终端运行该命令）。

表 10.2

CONCURRENT_REQUESTS	期望值（秒）	实际值（秒）	期望值与实际值的百分比	CPU 负载
25	29.3	30.34	97%	52%
50	16.2	18.7	87%	78%
100	9.7	14.1	69%	92%
150	7.5	13.9	54%	100%
200	6.4	14.2	45%	100%

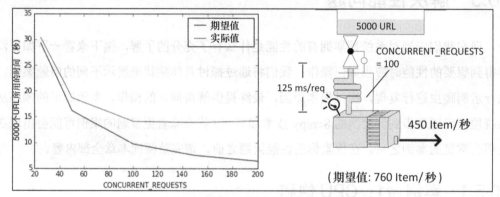

图 10.6 当并发增长到一定程度后，性能趋于平缓

在我们的实验中，由于几乎不执行任何处理，因此能够得到高并发。而在一个更复杂的系统中，很可能会更早地看到该行为。

讨论：Scrapy 重度使用单一线程，当达到很高级别的并发时，CPU 可能会成为瓶颈。假设不使用任何线程池，那么 Scrapy 应当使用的 CPU 负载建议在 80%～90%。请记住你可能在其他系统资源上遇到相似的问题，比如网络带宽、内存或磁盘吞吐量，不过这些都很少见，并且会落入通用系统的管理范畴，因此就不在这里进一步强调了。

解决方案：通常假设你的代码是有效的。你可以通过在同一台服务器上运行多个 Scrapy 爬虫，以使总计并发超过 CONCURRENT_REQUESTS。这可以帮助你利用更多可用核心，尤其是当管道的其他服务或其他线程不使用它们的时候。如果需要更多的并发，可以使用多台服务器（参见第 11 章），这种情况下可能还需要更多可用的资金、网络带宽以及磁盘吞吐量。始终检查 CPU 利用率是你的首要约束。

10.5.2　案例 #2：代码阻塞

症状：你所观察到的行为无法说通。和期望值相比，系统非常慢，并且奇怪的是，即使当你改变 CONCURRENT_REQUESTS 的值时，速度也没有显著变化（见图 10.7）。下载器看起来总是空的（少于 CONCURRENT_REQUESTS），而抓取程序却有不少响应。

示例：你可以使用两个基准设置：SPEED_SPIDER_BLOCKING_DELAY 和 SPEED_PIPELINE_BLOCKING_DELAY（它们具有相同的效果），对每个响应启用一个 100ms 的阻塞。在给定并发级别时，我们期望 100 个 URL 应当花费 2~3 秒，但无论 CONCURRENT_REQUESTS 的值是多少，我们总是需要花费大约 13 秒的时间（见表 10.3）。

```
for concurrent in 16 32 64; do
  time scrapy crawl speed -s SPEED_TOTAL_ITEMS=100 \
  -s CONCURRENT_REQUESTS=$concurrent -s SPEED_SPIDER_BLOCKING_DELAY=0.1
done
```

表 10.3

CONCURRENT_REQUESTS	总时间（秒）
16	13.9
32	13.2
64	12.9

讨论：任何阻塞代码都会立即抵消掉 Scrapy 的并发性，本质上相当于设置 CONCURRENT_REQUESTS = 1。根据上面的简单公式，100URL · 100ms（阻塞延迟）= 10 秒 + $t_{start/stop}$，充分解释了我们所看到的延迟。

无论阻塞代码是在管道中还是在爬虫中，你都会发现抓取程序可以被充分利用，但其前后的模块都是空的。这看起来违背了前面讲过的管道的物理现象，不过由于我们已经不再拥有一个并发系统了，所以管道规则不再适用。该错误非常容易发生（比如使用阻塞 API)，你一定会在某一时刻出现该错误。你会注意到类似的讨论同样适用于复杂代码的计算。你应当为此类代码使用多线程，正如我们在第 9 章中所看到的；或者是在 Scrapy 之外进行批量处理，我们将会在第 11 章中看到一个相关示例。

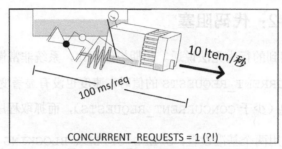

图 10.7　阻塞代码以不可预测的方式使并发无效

解决方案：将假设你继承了基代码，并且不清楚阻塞代码位于何处。如果该系统在没有任何管道的情况下仍然可以工作，那么禁用这些管道，并检查是否仍存在奇怪的行为。如果仍存在，那么阻塞代码位于爬虫中。如果不再存在，那么依次启用管道，观察问题是否开始出现。如果该系统在缺少任何运行中的模块的情况下无法正常运转，那么可以在每个管道阶段的功能之间添加一些日志消息（或插入虚拟管道打印时间戳）。通过检查日志，可以轻松检测出系统在什么地方花费了最多的时间。如果希望有一个更加长期/可复用的解决方案，可以使用虚拟管道跟踪你的请求，在 Request 的 meta 字段中为每个阶段添加时间戳。最后，hook 到 item_scraped 信号，并记录时间戳日志。一旦你发现阻塞代码，则应将其转换为 Twisted/异步代码，或使用 Twisted 的线程池。如果想要查看该转换的效果，可以将 SPEED_PIPELINE_BLOCKING_DELAY 替换为 SPEED_PIPELINE_ASYNC_DELAY，重新运行前面的示例。性能的变化将十分惊人。

10.5.3　案例 #3：下载器中的"垃圾"

症状：你得到的吞吐量低于预期。下载器看起来有时会有比 CONCURRENT_REQUESTS 更多的请求。

示例：模拟以 0.25 秒响应时间的情况下载 1000 个页面。按照默认的 16 个并发，根据公式需要花费大约 19 秒的时间。我们使用一个管道，用 crawler.engine.download()

制造到伪造 API 的额外 HTTP 请求，其响应时间在 1 秒之内。你可以通过 `http://localhost:9312/benchmark/ar:1/api?text=hello` 进行尝试（见图 10.8）。让我们运行一个爬取程序。

```
$ time scrapy crawl speed -s SPEED_TOTAL_ITEMS=1000 -s SPEED_T_
RESPONSE=0.25 -s SPEED_API_T_RESPONSE=1 -s SPEED_PIPELINE_API_VIA_
DOWNLOADER=1
...
s/edule   d/load   scrape   p/line   done      mem
    968       32       32       32      0     32768
    952       16        0        0     32         0
    936       32       32       32     32     32768
...
real 0m55.151s
```

非常奇怪！我们的任务不但花费了预期的 3 倍时间，还超出了下载器定义的 CONCURRENT_REQUESTS 所设定的 16 个活跃请求数（d/load）。下载器显然是瓶颈，因为它在超负荷工作。我们重新运行爬取程序，并在另一个控制台中打开到 Scrapy 的 telnet 连接。之后，就可以查看下载器中有哪些请求是活跃的了。

```
$ telnet localhost 6023
>>> engine.downloader.active
set([<POST http://web:9312/ar:1/ti:1000/rr:0.25/benchmark/api>, ... ])
```

看起来它处理的大部分是 API 请求，而不是下载正常页面。

讨论：你可能会认为没有人使用 `crawler.engine.download()`，因为它看起来会比较复杂，不过它在 Scrapy 的基代码中使用了两次，分别是 robots.txt 中间件和多媒体管道。因此，当人们需要使用 Web API 时，它也会被推荐为一种解决方案。因为使用它要比使用阻塞 API 更好，比如我们在前面章节中看到的流行的 Python 包 `requests`；而且，使用它还会比理解 Twisted 编程和使用 `treq` 简单一些。现在既然有了咱们这本书，这些就不再是使用它的借口了。另一方面，该错误非常难调试，所以应当在研究性能时主动检查下载器中的活跃请求。如果发现 API 或多媒体 URL 不是你爬取的直接目标，那么就意味着某些管道使用了 `crawler.engine.download()` 来执行 HTTP 请求。由于我们的 CONCURRENT_REQUESTS 限制不适用于这些请求，也就意味着我们很可能看到下载器加载的请求数超过 CONCURRENT_ REQUESTS，乍看起来有些矛盾。除非虚假请求数降低到 CONCURRENT_ REQUESTS 以下，否则调度器不会获取新的正常页面请求。

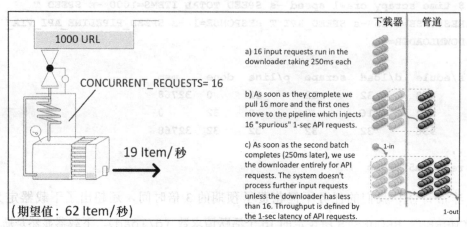

图 10.8　由虚假 API 请求数定义的性能

因此，我们从系统中得到的吞吐量相当于原始请求持续 1 秒（API 延迟），而不是 0.25 秒（页面下载延迟）的吞吐量不是一种巧合。这种情况特别容易令人困惑，因为除非 API 调用比页面请求慢，否则我们不会注意到任何性能下降。

解决方案：我们可以使用 treq 代替 crawler.engine.download() 来解决该问题。你将发现这会使抓取程序的性能突增，这对于 API 架构来说可能是个坏消息。我将从一个低数值的 CONCURRENT_REQUESTS 开始，逐渐增长以确保不会使 API 服务器过载。

下面是和前面相同的运行示例，不过这次使用了 treq。

```
$ time scrapy crawl speed -s SPEED_TOTAL_ITEMS=1000 -s SPEED_T_
RESPONSE=0.25 -s SPEED_API_T_RESPONSE=1 -s SPEED_PIPELINE_API_VIA_TREQ=1
...
  s/edule   d/load   scrape   p/line   done      mem
     936       16       48       32       0     49152
     887       16       65       64      32     66560
     823       16       65       52      96     66560
```

```
...
real 0m19.922s
```

你会发现一个非常有趣的事情。管道（p/line）似乎包含比下载器（d/load）更多的条目（见图 10.9）。这种情况非常好，并且了解其原因也很有趣。

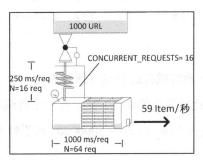

图 10.9　拥有长管道非常完美（在 Google 图片中查看"industrial heat exchanger"）

下载器如预期一样，充分加载了 16 个请求。也就是说，系统吞吐量为 $T = N / S = 16 / 0.25 = 64$ 个请求/秒。我们可以通过观察 done 列的增长进行确认。一个请求会在下载器中花费 0.25 秒，但是由于缓慢的 API 请求，它会在管道中花费 1 秒的时间。这意味着在管道中（p/line），我们期望看到平均 $N = T \cdot S = 64 \cdot 1 = 64$ 个 Item。非常好。这表示现在管道有瓶颈吗？不，因为我们没有限制同时在管道中处理的响应数量。只要数值不是无限增加，就能够很好地运行。在下一节中，我们将看到更多关于这个问题的讨论。

10.5.4　案例 #4：大量响应或超长响应造成的溢出

症状： 下载器几乎满负荷运转，并且一段时间后关闭。该模式不断重复。抓取程序的内存使用率很高。

示例： 此处我们使用了和前面一样的设置（使用了 treq），不过响应会比较大，大约是 120KB 的 HTML。如你所见，此时花费了 31 秒的时间完成，而不是 20 秒左右（见图 10.10）。

```
$ time scrapy crawl speed -s SPEED_TOTAL_ITEMS=1000 -s SPEED_T_
RESPONSE=0.25 -s SPEED_API_T_RESPONSE=1 -s SPEED_PIPELINE_API_VIA_TREQ=1
-s SPEED_DETAIL_EXTRA_SIZE=120000
```

```
s/edule    d/load    scrape    p/line    done        mem
   952        16        32        32        0      3842818
   917        16        35        35       32      4203080
   876        16        41        41       67      4923608
   840         4        48        43      108      5764224
   805         3        46        27      149      5524048
...
real 0m30.611s
```

讨论：我们可能会天真地尝试将这种延迟解释为"创建、传输、处理页面需要花费更多时间"，不过这并不是此处发生的情况。此处有一个硬编码（编写代码时写入）的对请求总大小的限制：max_active_size = 5000000。假设每个请求的大小等于其请求体的大小，并且至少是 1KB。

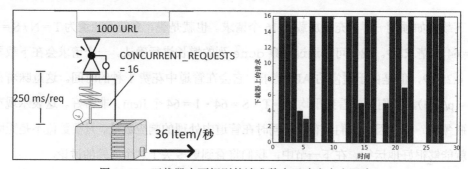

图 10.10　下载器中不规则的请求数表示响应大小限流

一个重要的细节是，该限制可能是 Scrapy 最巧妙且本质的机制，用于防止过慢的爬虫或管道。如果你的任何一个管道的吞吐量比下载器的吞吐量更慢，最终就会发生这种情况。当管道处理时间过长时，即使很小的请求，也很容易触发该限制。下面是一个管道超长的极端案例，80 秒之后就会开始产生问题。

```
$ time scrapy crawl speed -s SPEED_TOTAL_ITEMS=10000 -s SPEED_T_
RESPONSE=0.25 -s SPEED_PIPELINE_ASYNC_DELAY=85
```

解决方案：对于已存在的基础架构，针对该问题几乎无计可施。当你不再需要时（比如爬虫之后），清空响应体是个不错的选择，不过在写操作时执行该操作不会重置 Scraper 的计数器。所有你能做的就是降低管道的处理时间，从而有效减少 Scraper 中处理的响应

(turn to page N)

数量。可以使用传统的优化手段实现它：检查可能与之交互的 API 或数据库是否能够支持抓取程序的吞吐量；分析抓取程序；将功能管道移动到批处理/后处理系统；使用更强大的服务器或分布式爬取。

10.5.5　案例 #5：有限/过度 item 并发造成的溢出

症状：你的爬虫为每个响应创建了多个 Item。你得到的吞吐量低于预期，并且可能和前面案例中的开/关模式相同。

示例：这里，我们有一个稍微不太一样的设置，我们有 1000 个请求，并且它们的每个返回页面都有 100 个 Item。响应时间是 0.25 秒，Item 管道处理时间为 3 秒。我们设置 CONCURRENT_ITEMS 的值从 10 到 150，执行多次。

```
for concurrent_items in 10 20 50 100 150; do
time scrapy crawl speed -s SPEED_TOTAL_ITEMS=100000 -s \
SPEED_T_RESPONSE=0.25 -s SPEED_ITEMS_PER_DETAIL=100 -s \
SPEED_PIPELINE_ASYNC_DELAY=3 -s \
CONCURRENT_ITEMS=$concurrent_items
done
...
  s/edule  d/load  scrape  p/line  done     mem
     952      16      32     180     0    243714
     920      16      64     640     0    487426
     888      16      96     960     0    731138
...
```

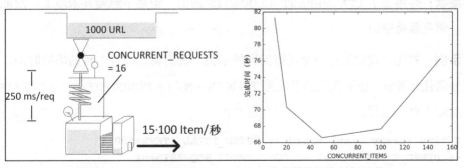

图 10.11　以 CONCURRENT_ITEMS 为变量的爬取时间函数

讨论：值得再次注意，该情况只适用于爬虫为每个响应生成多个 Item 时。除这种情况外，你应该设置 CONCURRENT_ITEMS = 1，然后忘了它。另外还需注意的是，这是一个虚拟的示例，因为其吞吐量相当大，达到了每秒大约 1300 个 Item。之所以达到如此高的吞吐量，是因为延迟低且稳定、几乎没有真实处理，以及响应的大小很小。这种情况并不常见。

我们首先要注意的事情是，在此之前 scrape 和 p/line 列通常都是相同的数值，而现在 p/line 则是 CONCURRENT_ITEMS · scrape。这是符合预期的，因为 scrape 显示的是响应数，而 p/line 则是 Item 数。

第二个有意思的事情是图 10.11 所示的浴缸形状的性能函数。由于纵轴是缩放的，因此该图表看起来会比实际情况更显著。在左侧，延迟非常高，因为触及了前一节所提到的内存限制。而在右侧，并发过多，造成使用了过多的 CPU。获得最佳效果并不那么重要，因为向左右移动非常容易。

解决方案：检测本案例的两种问题症状非常容易。如果 CPU 使用率过高，那么最好减少 CONCURRENT_ITEMS 的值。如果触及响应的 5MB 限制，那么你的管道无法跟上下载器的吞吐量，增加 CONCURRENT_ITEMS 的值可能能够快速解决该问题。如果修改后没有什么区别，那么应当遵照前面一节给出的建议，再三询问自己系统的其余部分是否能够支持你的抓取程序的吞吐量。

10.5.6　案例 #6：下载器未充分利用

症状：你增加了 CONCURRENT_REQUESTS 的值，但是下载器并未跟上，没能充分利用。调度器是空的。

示例：首先，我们运行一个没有问题的示例。我们将切换到 1 秒的响应时间，因为它能够简化计算量，使下载器的吞吐量 $T = N / S = N / 1 = CONCURRENT\_REQUESTS$。假设按照如下命令运行。

```
$ time scrapy crawl speed -s SPEED_TOTAL_ITEMS=500 \
-s SPEED_T_RESPONSE=1 -s CONCURRENT_REQUESTS=64
s/edule   d/load   scrape   p/line   done   mem
    436       64        0        0      0     0
```

```
...
real  0m10.99s
```

我们得到了一个充分利用的下载器（64 个请求），总时间为 11 秒，与我们以每秒 64 个请求的条件处理 500 个 URL 的模型相匹配（$S = N / T + t_{start/stop} = 500 / 64 + 3.1 = 10.91$ 秒）。

现在，执行相同的爬取，不过不再像前面那些示例那样默认从列表中提供 URL，而是使用索引页通过 SPEED_START_REQUESTS_STYLE=UseIndex 抽取 URL。这和我们本书中其他章使用的模式相同。每个索引页默认包含 20 个 URL。

```
$ time scrapy crawl speed -s SPEED_TOTAL_ITEMS=500 \
-s SPEED_T_RESPONSE=1 -s CONCURRENT_REQUESTS=64 \
-s SPEED_START_REQUESTS_STYLE=UseIndex
s/edule   d/load   scrape   p/line   done    mem
      0        1        0        0      0       0
      0       21        0        0      0       0
      0       21        0        0     20       0
...
real  0m32.24s
```

很明显，这和前面的案例不太一样。不知为何，下载器的运行低于其最大能力，并且吞吐量为 $T = N / S - t_{start/stop} = 500 / (32.2 - 3.1) = 17$ 个请求/秒。

讨论：快速浏览 d/load 列，可以确信下载器没能充分利用。这是因为我们没有足够的 URL 提供给它。我们的抓取处理生成 URL 的速度比最大消费能力要慢。在本例中，每个索引页会生成 20 个 URL 加上 1 个前往下一索引页的 URL。吞吐量无论如何都无法超过每秒 20 个请求，因为我们无法足够快地得到源 URL。该问题非常隐蔽，容易被忽视。

解决方案：如果每个索引页包含一个以上的下一页的链接，那么可以利用它们加速 URL 的生成。如果可以找到显示更多结果的索引页面（比如 50 个）就更好了。我们可以通过运行几个模拟来观察其行为。

```
$ for details in 10 20 30 40; do for nxtlinks in 1 2 3 4; do
time scrapy crawl speed -s SPEED_TOTAL_ITEMS=500 -s SPEED_T_RESPONSE=1 \
-s CONCURRENT_REQUESTS=64 -s SPEED_START_REQUESTS_STYLE=UseIndex \
-s SPEED_DETAILS_PER_INDEX_PAGE=$details \
-s SPEED_INDEX_POINTAHEAD=$nxtlinks
done; done
```

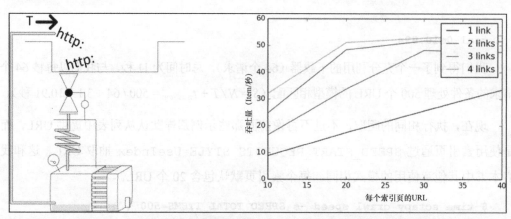

图 10.12　以每个索引页链接的详情页及下一页数量为变量的吞吐量函数

在图 10.12 中，可以看到吞吐量是如何根据这两个参数变化的。我们观察到了线性行为，无论是下一页链接，还是详情页，直到达到系统上限。可以通过重新排列爬取的 Rule 进行实验。如果使用 LIFO（默认）顺序，你可能会看到如果先调用索引页请求，最后在列表中抽取它们的话，能够得到较小的改善。你也可以尝试为访问索引页的请求设置高优先级。虽然这两种技术都没有显著的改善，但可以通过分别设置 SPEED_INDEX_RULE_LAST=1 和 SPEED_ INDEX_HIGHER_PRIORITY=1 来进行尝试。请注意这两种解决方案都会首先下载整个索引页（由于优先级高），因此会在调度器中生成大量 URL，增加内存需求。在它们完成所有索引之前，只会给出少量的结果。对于少量索引还可以接受，但是对于大量索引的情况，就不太可取了。

一个简单而又强大的技术是索引分片。这就需要你使用超过一个初始索引 URL，在它们之间有一个最大距离。比如，如果索引包含 100 页，你可以选取 1 和 51 作为起始索引。然后，爬虫可以以两倍速率使用下一页链接有效遍历索引。如果你能找到一种遍历索引的方式，比如基于产品的品牌或提供给你的任何其他属性，并且可以将其按照大致相等的段进行拆分的话，也可以做到类似的事情。你可以使用-s SPEED_INDEX_ SHARDS 设置进行模拟。

```
$ for details in 10 20 30 40; do for shards in 1 2 3 4; do
time scrapy crawl speed -s SPEED_TOTAL_ITEMS=500 -s SPEED_T_RESPONSE=1 \
-s CONCURRENT_REQUESTS=64 -s SPEED_START_REQUESTS_STYLE=UseIndex \
-s SPEED_DETAILS_PER_INDEX_PAGE=$details -s SPEED_INDEX_SHARDS=$shards
done; done
```

结果要比前面的技术更好，如果该方法适合你的话，我将会推荐这种方法，因为它更加简单整洁。

10.6 故障排除流程

总结来说，Scrapy 在设计时就将下载器作为瓶颈。从一个低数值的 CONCURRENT_REQUESTS 开始，逐渐增加，直到触及下述限制之一：

- CPU 使用率大于 80%～90%；
- 源网站延迟过度增长；
- 抓取程序中响应达到了 5MB 的内存限制。

同时，执行以下操作：

- 始终保持调度器队列（mqs/dqs）中至少有一定量的请求，避免下载器出现 URL 饥饿；
- 永远不要使用任何阻塞代码或 CPU 密集型代码。

图 10.13 总结了诊断并修复 Scrapy 性能问题的过程。

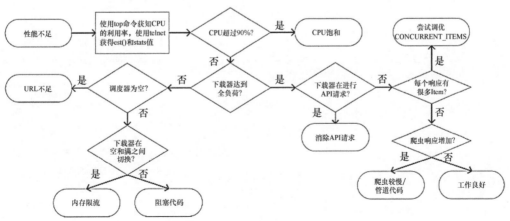

图 10.13　Scrapy 性能问题故障排除

10.7　本章小结

在本章中，我们尝试通过给出几个有趣的案例，来突出 Scrapy 架构的优秀性能。具体细节可能会在未来版本的 Scrapy 中有所变更，不过本章提供的知识应当会在很长一段时间内保持有效，并且可能会帮助你处理基于 Twisted、Netty Node.js 或类似框架的任何高并发异步系统。

当谈到 Scrapy 的性能问题时，有 3 个有效的答案：我不知道也不介意；我不知道但我会找出来；我知道。正如我们在本章中多次论证的，天真地回答"我们需要更多的服务器/内存/带宽"更有可能与 Scrapy 的性能无关。人们需要真正理解瓶颈在什么地方，并且去提升它。

在最后一章中，我们将进一步专注提升性能，通过在多台服务器上分布式部署爬虫，达到超越单机的能力。

第 11 章
使用 Scrapyd 与实时分析进行
分布式爬取

我们已经走了很长的一段路。我们首先熟悉了两种基础的网络技术——HTML 和 XPath，然后开始使用 Scrapy 爬取复杂网站。接下来，我们深入了解了 Scrapy 通过其设置为我们提供的诸多功能，然后在探讨其 Twisted 引擎的内部架构和异步功能时，更加深入地了解了 Scrapy 和 Python。在上一章中，我们研究了 Scrapy 的性能，并学习了如何解决复杂和经常违背直觉的性能问题。

在最后的这一章中，我将为你指出如何进一步将该技术扩展到多台服务器的一些方向。我们很快就会发现爬取工作经常是一种"高度并发"的问题，因此可以轻松地实现横向扩展，利用多台服务器的资源。为了实现该目标，我们可以像平时那样使用一个 Scrapy 中间件，不过也可以使用 Scrapyd，这是一个专门用于管理运行在远程服务器上的 Scrapy 爬虫的应用。这将允许我们在自己的服务器上，拥有与第 6 章中介绍的相兼容的功能。

最后，我们将使用基于 Apache Spark 的简单系统，对抽取的数据执行实时分析。Apache Spark 是一个非常流行的大数据处理框架。我们将使用 Spark Streaming API 展示在数据收集增多时越来越准确的结果。对于我来说，最终的这个应用展示了 Python 作为一种语言的能力和成熟度，因为我们只需这些，就能编写出富有表现力、简洁并且高效的代码，实现从数据抽取到分析的全栈工作。

11.1　房产的标题是如何影响价格的

我们尝试解决的示例问题是找出标题是如何与房产价格相关的。我们会认为诸如 "Jacuzzi" 或 "pool" 这样的词汇与高价位相关，而类似 "discount" 这样的词汇与低价位相关。结合位置信息，就可能根据该位置信息和描述，为我们提供房产是否特价的实时报警。

我们所需要计算的是给定词汇在是否存在时的价格差：

$$Shift_{term} = (\overline{Price_{properties-with-term}} - \overline{Price_{properties-without-term}}) / \overline{Price}$$

比如，假设平均租金为$1000，我们观察到包含词汇 jacuzzi 的房产平均价格是$1300，而不包含该词汇的房产平均价格是$995，那么 jacuzzi 的价格差为 $shift_{jacuzzi} = (1300-995) / 1000 = 30.5\%$。如果存在一个包含 jacuzzi 关键词的房产，其价格只比平均价格高出 5%，那么我会非常想要了解它。

请注意，该指标并非微不足道，因为关键词的效果将会被聚合。例如，既包含 jacuzzi 又包含 discount 的标题很可能显示出这些关键词的组合效果。我们收集并分析的数据越多，预估的准确度越高。下面我们将回到该问题上来，讲解如何在一分钟内实现一个流媒体解决方案。

11.2　Scrapyd

现在，我们将要开始介绍 Scrapyd。Scrapyd 这个应用允许我们在服务器上部署爬虫，并使用它们制定爬取的计划任务。让我们来感受一下使用它是多么简单吧。我们在开发机中已经预安装了该应用，所以可以立即使用第 3 章中的代码对其进行测试。我们在之前使用了几乎完全相同的过程，在这里只有一个小的变化。

首先，我们访问 `http://localhost:6800/`，来看一下 Scrapyd 的 Web 界面，如图 11.1 所示。

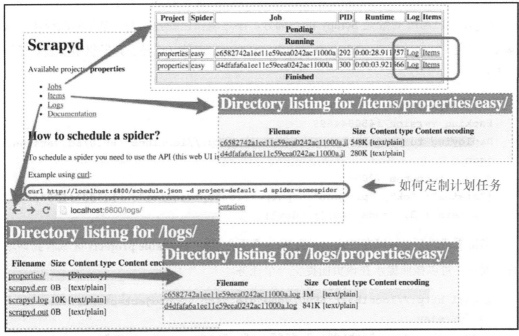

图 11.1 Scrapyd 的 Web 界面

可以看出，Scrapyd 对于 **Jobs**、**Items**、**Logs** 和 **Documentation** 都有不同的区域。此外，它还提供了一些指引，告知我们如何使用其 API 定制计划任务。

为了完成该测试，我们必须先在 Scrapyd 服务器上部署爬虫。第一步是按照如下操作修改 scrapy.cfg 配置文件。

```
$ pwd
/root/book/ch03/properties
$ cat scrapy.cfg
...
[settings]
default = properties.settings

[deploy]
url = http://localhost:6800/
project = properties
```

基本上，我们所有需要做的就是去除 **url** 一行的注释。默认的设置已经很合适了。

现在，要想部署爬虫，需要使用 scrapyd-client 提供的 scrapyd-deploy 工具。scrapyd-client 曾经是 Scrapy 的一部分，不过现在已经独立为一个单独的模块，该模块可以使用 pip install scrapyd- client 安装（已经在开发机中安装好了该模块）。

```
$ scrapyd-deploy
Packing version 1450044699
Deploying to project "properties" in http://localhost:6800/addversion.
json
Server response (200):
{"status": "ok", "project": "properties", "version": "1450044699",
"spiders": 3, "node_name": "dev"}
```

当部署成功后，可以在 Scrapyd 的 Web 界面主页的 **Available projects** 区域看到该项目。现在，可以按照提示在该页面提交一个任务。

```
$ curl http://localhost:6800/schedule.json -d project=properties -d
spider=easy
{"status": "ok", "jobid": " d4df...", "node_name": "dev"}
```

如果回到 Web 界面的 **Jobs** 区域，可以看到任务正在运行。稍后可以使用 schedule.json 返回的 jobid，通过 cancel.json 取消该任务。

```
$ curl http://localhost:6800/cancel.json -d project=properties -d
job=d4df...
{"status": "ok", "prevstate": "running", "node_name": "dev"}
```

请一定记住执行取消操作，否则你会浪费一段时间的计算机资源。

非常好！当访问 **Logs** 区域时，可以看到日志；而当访问 **Items** 区域时，可以看到刚才爬取的 Item。这些都会在一定周期之后清空以释放空间，因此在几次爬取操作后这些内容可能就不再可用。

如果有合理的理由，比如冲突，那么我们可以使用 http_port 修改端口，这是 Scrapyd 提供的诸多设置之一。通过访问 http://scrapyd. readthedocs.org/ 来了解 Scrapyd 的文档是非常值得的。在本章中，我们需要修改的一个重要设置是 max_proc。如果将该设置保留为默认值 0 的话，Scrapyd 将在 Scrapy 任务运行时允许 4

倍于 CPU 数量的并发。由于我们将运行多个 Scrapyd 服务器，并且大部分可能是在虚拟机当中的，因此我们将会设置该值为 4，即允许至多 4 个任务并发运行。这与本章的需求有关，而在实际部署当中，一般情况下使用默认值就能够良好运行。

11.3 分布式系统概述

对我来说，设计该系统是一个非常棒的经历（见图 11.2）。起初，我增加了功能和复杂性，以至于不得不要求读者拥有高端硬件才能运行这些示例。这就造成之后的一个紧迫需求成为简化——无论是为了保持硬件需求更加实际，还是确保本章能够保持专注在 Scrapy 上。

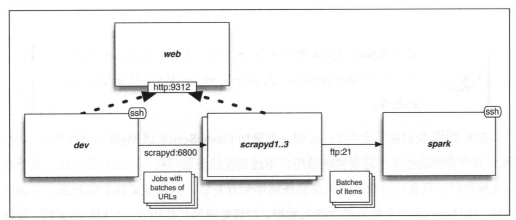

图 11.2 系统概述

最后，本章将要使用的系统包含我们的开发机以及几个其他服务器。我们将使用开发机执行索引页面的垂直抓取，并从中批量抽取 URL。之后，将以轮询的方式将这些 URL 分发到 Scrapyd 节点当中执行爬取。最后，包含 Item 的 .jl 文件将会通过 FTP 传输到运行 Apache Spark 的服务器中。什么？FTP？是的，我选择 FTP 和本地文件系统，而不是 HDFS 或 Apache Kafka 的原因是因为其内存需求很低，并且 Scrapy 后端的 FEED_URI 能够直接支持。请注意，通过简单修改 Scrapyd 和 Spark 的配置，我们可以使用 Amazon S3 来存储这些文件，享受其带来的冗余性、扩展性等诸多特性。不过，这里不会有更多有意思的相关话题来学习任何奇技淫巧。

使用 FTP 的一个风险是 Spark 可能会在其上传过程中看到不完整的文件。为了避免发生该问题，我们将使用 Pure-FTPd 以及一个回调脚本，在上传完成后立即将上传的文件移动到 /root/items 目录中。

每隔几秒，Spark 将会检测该目录（/root/items），读取任何新文件，形成小批次，并执行分析。我们使用 Apache Spark 是因为它支持 Python 作为其编程语言，并且还支持流。到目前为止，我们可能已经使用了一些生命周期相对较短的爬取工作，不过现实世界中许多爬取工作永远都不会结束。爬取工作 24/7 不间断运行，并提供用于分析的数据流，数据越多其结果就越精确。正因如此，我们将使用 Apache Spark 进行展示。

使用 Apache Spark 和 Scrapy 并没有什么特殊之处。你也可以选择使用 Map-Reduce、Apache Storm 或任何其他适合你需求的框架。

在本章中，我们并不会将 Item 插入到诸如 ElasticSearch 或 MySQL 等数据库当中。第 9 章中介绍的技术在这里同样适用，不过其性能会很糟糕。当你每秒钟执行数千次写入操作时，只有极少数的数据库系统能够运行良好，但这正是我们的管道将会做的事情。如果我们想要向数据库中插入数据，则需要遵循与使用 Spark 相似的流程，即批量导入生成的 Item 文件。你可以修改我们的 Spark 示例流程，批量导入到任意数据库当中。

最后需要注意的是，该系统并没有良好的弹性。我们假设各节点都是健康的，并且任何失败都不会产生严重的业务影响。Spark 拥有弹性配置，能够提供高可用性。而除了 Scrapyd 的持久化队列外，Scrapy 并没有提供任何相关的内建功能，这就意味着失败的任务需要在节点恢复后才能重新启动。这种方式对于你的需求来说，也许适合，也许不适合。如果对你而言弹性十分重要，那么你需要搭建监控和分布式队列方案（如基于 Kafka 或 RabbitMQ），来重启失败的爬取工作。

11.4 爬虫和中间件的变化

为了构建该系统，我们需要稍微对 Scrapy 爬虫进行修改，并且需要开发爬虫中间件。更具体地说，我们必须执行如下操作：

- 调整索引页爬取，以最大速率执行；

- 编写中间件，分批发送 URL 到 Scrapyd 服务器；

- 使用相同中间件，允许在启动时使用批量 URL。

我们将尝试使用尽可能小的改动来实现这些变化。理想情况下，整个操作应该清晰、易理解并且对其依赖的爬虫代码透明。这应该是一个基础架构层级的需求，如果想对爬虫（可能数百个）进行修改来实现它则是一个坏主意。

11.4.1 索引页分片爬取

我们的第一步是优化索引页爬取，使其尽可能更快。在开始之前，先来设置一些期望。假设爬虫爬取并发量是 16，并且我们测量得到其与源网站服务器的延迟大约为 0.25 秒。此时得到的吞吐量最多为 16 / 0.25 = 64 页/秒。索引页数量为 50000 个详情页 / 每个索引页 30 个详情页链接 = 1667 索引页。因此，我们期望索引页下载花费的时间大约为 1667 / 64 = 26 秒多一点。

让我们以第 3 章中名为 easy 的爬虫开始。先把执行垂直抓取的 Rule 注释掉（callback='parse_item'的那个），因为现在只需要爬取索引页。

你可以在 GitHub 中获取到本书的全部代码。下载该代码，可以访问：git clone https://github.com/scalingexcellence/scrapybook。

本章中的完整代码位于 ch11 目录当中。

如果我们在进行任何优化之前对 scrapy crawl 只爬取 10 个页面的情况进行计时，

可以得到如下结果。

```
$ ls
properties scrapy.cfg
$ pwd
/root/book/ch11/properties
$ time scrapy crawl easy -s CLOSESPIDER_PAGECOUNT=10
...
DEBUG: Crawled (200) <GET ...index_00000.html> (referer: None)
DEBUG: Crawled (200) <GET ...index_00001.html> (referer: ...index_00000.
html)
...
real 0m4.099s
```

如果 10 个页面就花费了 4 秒时间，那么就不可能在 26 秒时间内完成 1,700 个页面。通过查看日志，我们发现每个页面都来自于前一个页面的下一页链接，也就是说在任意时刻都只有至多一个页面正在执行爬取。我们的有效并发为 1。我们希望并行处理，得到想要的并发数量（16 个并发请求）。我们将对索引分片，并允许一些额外的分片，以确保爬虫中的 URL 不会不足。我们将会把索引分为 20 个段。实际上，任何超过 16 的数值都能够增加速度，不过在超过 20 之后所得到的回报呈递减趋势。我们将通过如下表达式计算每个分片的起始索引 ID。

```
>>> map(lambda x: 1667 * x / 20, range(20))
[0, 83, 166, 250, 333, 416, 500, ... 1166, 1250, 1333, 1416, 1500, 1583]
```

因此，我们使用如下代码设置 start_urls。

```
start_urls = ['http://web:9312/properties/index_%05d.html' % id
              for id in map(lambda x: 1667 * x / 20, range(20))]
```

这可能和你的索引有很大的不同，因此我们没必要在此处实现得更漂亮。如果还设定了并发设置（CONCURRENT_REQUESTS、CONCURRENT_REQUESTS_PER_DOMAIN）为 16，那么当运行爬虫时，将会得到如下结果。

```
$ time scrapy crawl easy -s CONCURRENT_REQUESTS=16 -s CONCURRENT_
REQUESTS_PER_DOMAIN=16
...
real 0m32.344s
```

该结果已经与期望值非常接近了。我们的下载速度为 1667 个页面 / 32 秒 ＝ 52 个索引页/秒，这就意味着每秒可以生成 52×30 = 1560 个详情页 URL。现在，可以将垂直抓取的 Rule 的注释取消掉，保存文件作为新爬虫分发。我们不需要对爬虫代码进行更多修改，这显示出我们即将开发的中间件的强大以及非侵入性。如果只使用开发服务器运行 scrapy crawl，假设处理详情页的速度和索引页处理时一样快，那么它将花费不少于 50000 / 52 = 16 分钟时间完成爬取。

本节有两个关键内容。在学习完第 10 章之后，我们已经可以实现真正的工程。我们能够精确计算出系统期望得到的性能，并且确保在达到该性能之前不会停止（在合理范围内）。第二个要记住的重要事情是，由于索引页爬取提供了详情页，爬取的总吞吐量将会是其吞吐量的最小值。如果我们生成的 URL 比 Scrapyd 能够消费得更快，那么 URL 将会堆积在其队列当中。反过来，如果生成的 URL 太慢，Scrapyd 将会拥有过剩的无法利用的能力。

11.4.2　分批爬取 URL

现在，我们准备开发处理详情页 URL 的基础架构，目的是对其进行垂直爬取、分批并分发到多台 Scrapyd 节点中，而不是在本地爬取。

如果查看第 8 章中的 Scrapy 架构，就可以很容易地得出结论，这是爬虫中间件的任务，因为它实现了 process_spider_output()，在到达下载器之前，在此处处理请求，并能够中止它们。我们在实现中限制只支持基于 CrawlSpider 的爬虫，另外还只支持简单的 GET 请求。如果需要更加复杂，比如 POST 或有权限验证的请求，那么需要开发更复杂的功能来扩展参数、请求头，甚至可能在每次批量运行后重新登录。

在开始之前，先来快速浏览一下 Scrapy 的 GitHub。我们将回顾 SPIDER_MIDDLEWARES_BASE 设置，以查看 Scrapy 提供的参考实现，以便尽最大可能复用它。Scrapy 1.0 包含如下爬虫中间件：HttpError Middleware、OffsiteMiddleware、RefererMiddleware、UrlLength Middleware 以及 DepthMiddleware。在快速了解它们的实现之后，我们发现 OffsiteMiddleware（只有 60 行代码）与想要实现的功能很相似。它根据爬虫的 allowed_domains 属性，把 URL 限制在某些特定域名中。我们可以使用相似的模式吗？和 OffsiteMiddleware 实现中丢弃 URL 不同，我们将对这些 URL 进行分批并发送到 Scrapyd 节点中。事实证明这是可以的。下面是实现的部分代码。

```
def __init__(self, crawler):
    settings = crawler.settings
    self._target = settings.getint('DISTRIBUTED_TARGET_RULE', -1)
    self._seen = set()
    self._urls = []
    self._batch_size = settings.getint('DISTRIBUTED_BATCH_SIZE', 1000)
    ...

def process_spider_output(self, response, result, spider):
    for x in result:
        if not isinstance(x, Request):
            yield x
        else:
            rule = x.meta.get('rule')

            if rule == self._target:
                self._add_to_batch(spider, x)
            else:
                yield x

def _add_to_batch(self, spider, request):
    url = request.url
    if not url in self._seen:
        self._seen.add(url)
        self._urls.append(url)
        if len(self._urls) >= self._batch_size:
            self._flush_urls(spider)
```

process_spider_output() 既处理 Item 也处理 Request。我们只想处理 Request，因此我们对其他所有内容执行 yield 操作。如果查看 CrawlSpider 的源代码，就会注意到将 Request / Response 映射到 Rule 的方式是通过其 meta 字典的名为'rule'的整型字段。我们检查该数值，如果它指向目标的 Rule（DISTRIBUTED_TARGET_RULE 设置），则会调用_add_to_batch() 添加 URL 到当前批次。然后，丢弃该 Request。对其他所有 Request 执行 yield 操作，比如下一页链接、无变化的链接。_add_to_batch() 方法实现了一个去重机制。不过很遗憾的是，由于前一节中描述的分片流程，我们可能对少数 URL 抽取两次。我们使用 _seen 集合检测并丢弃重复值。然后，把这些 URL 添加到 _urls 列表中，如果其大小超过 batch_size（DISTRIBUTED_BATCH_SIZE 设置），就会触发调用 _flush_urls()。该方法提供了如下的关键功能。

```python
def __init__(self, crawler):
    ...
    self._targets = settings.get("DISTRIBUTED_TARGET_HOSTS")
    self._batch = 1
    self._project = settings.get('BOT_NAME')
    self._feed_uri = settings.get('DISTRIBUTED_TARGET_FEED_URL', None)
    self._scrapyd_submits_to_wait = []

def _flush_urls(self, spider):
    if not self._urls:
        return

    target = self._targets[(self._batch-1) % len(self._targets)]

    data = [
        ("project", self._project),
        ("spider", spider.name),
        ("setting", "FEED_URI=%s" % self._feed_uri),
        ("batch", str(self._batch)),
    ]

    json_urls = json.dumps(self._urls)
    data.append(("setting", "DISTRIBUTED_START_URLS=%s" % json_urls))

    d = treq.post("http://%s/schedule.json" % target,
                  data=data, timeout=5, persistent=False)

    self._scrapyd_submits_to_wait.append(d)

    self._urls = []
    self._batch += 1
```

首先，它使用一个批次计数器（_batch）来决定要将该批次发送到哪个 Scrapyd 服务器中。我们在 _targets（DISTRIBUTED_TARGET_HOSTS 设置）中保持更新可用的服务器。然后，构造 POST 请求到 Scrapyd 的 schedule.json。这比之前通过 curl

执行的更加高级，因为它传递了一些精心挑选的参数。基于这些参数，Scrapyd 可以有效地计划运行任务，类似如下所示。

```
scrapy crawl distr \
-s DISTRIBUTED_START_URLS='[".../property_000000.html", ... ]' \
-s FEED_URI='ftp://anonymous@spark/%(batch)s_%(name)s_%(time)s.jl' \
-a batch=1
```

除了项目和爬虫名外，我们还向爬虫传递了一个 FEED_URI 设置。我们可以从 DISTRIBUTED_TARGET_FEED_URL 设置中获取该值。

由于 Scrapy 支持 FTP，我们可以让 Scrapyd 通过匿名 FTP 的方式将爬取到的 Item 文件上传到 Spark 服务器中。格式包含爬虫名（%(name)s）和时间（%(time)s）。如果只使用这些，那么当两个文件的创建时间相同时，最终会产生冲突。为了避免意外覆盖，我们还添加了一个 %(batch)s 参数。默认情况下，Scrapy 不知道任何关于批次的事情，因此我们需要找到一种方式来设置该值。Scrapyd 中 schedule.json 这个 API 的一个有趣特性是，如果参数不是设置或少数几个已知参数的话，它将会被作为参数传给爬虫。默认情况下，爬虫参数将会成为爬虫属性，未知的 FEED_URI 参数将会去查阅爬虫的属性。因此，通过传递 batch 参数给 schedule.json，我们可以在 FEED_URI 中使用它以避免冲突。

最后一步是使用编码为 JSON 的该批次详情页 URL 编译为 DISTRIBUTED_START_URLS 设置。除了熟悉和简单之外，使用该格式并没有什么特殊的理由。任何文本格式都可以做到。

> 通过命令行向 Scrapy 传输大量数据丝毫也不优雅。在一些时候，你想要将参数存储到数据存储中（比如 Redis），并且只向 Scrapy 传输 ID。如果想要这样做，则需要在 _flush_urls() 和 process_start_requests() 中做一些小的改变。

我们使用 treq.post() 处理 POST 请求。Scrapyd 对持久化连接处理得不是很好，因此使用 persistent=False 禁用该功能。为了安全起见，我们还设置了一个 5 秒的超时时间。有趣的是，我们为该请求在 _scrapyd_ submits_to_wait 列表中存储了延迟函数，后续内容中将会进行讲解。关闭该函数时，我们将重置_urls 列表，并增加当前的_batch 值。

出人意料的是，我们在关闭操作处理器中发现了如下所示的诸多功能。

```
def __init__(self, crawler):
    ...
    crawler.signals.connect(self._closed, signal=signals.spider_
closed)

@defer.inlineCallbacks
def _closed(self, spider, reason, signal, sender):
    # Submit any remaining URLs
    self._flush_urls(spider)

    yield defer.DeferredList(self._scrapyd_submits_to_wait)
```

_close()将会在我们按下 *Ctrl* + *C* 或爬取完成时被调用。无论哪种情况，我们都不希望丢失属于最后一个批次的任何 URL，因为它们还没有被发送出去。这就是为什么我们在_close()方法中首先要做的是调用_flush_ urls(spider)清空最后的批次的原因。第二个问题是，作为非阻塞代码，任何 treq.post()在停止爬取时都可能完成或没有完成。为了避免丢失任何批次，我们将使用之前提及的 scrapyd_submits_to_wait 列表，来包含所有的 treq.post()的延迟函数。我们使用 defer.DeferredList()进行等待，直到全部完成。由于_close()使用了@defer.inlineCallbacks，我们只需对其执行 yield 操作，并在所有请求完成之后进行恢复即可。

总结来说，在 DISTRIBUTED_START_URLS 设置中包含批量 URL 的任务将被送往 Scrapyd 服务器，并在这些 Scrapyd 服务器中运行相同的爬虫。很明显，我们需要某种方式以使用该设置初始化 start_urls。

11.4.3 从设置中获取初始 URL

当你注意到爬虫中间件提供的用于处理爬虫给我们的 start_requests 的 process_start_requests()方法时，就会感受到爬虫中间件是怎样满足我们的需求的。我们检测 DISTRIBUTED_START_URLS 设置是否已被设定，如果是的话，则解码

JSON 并使用其中的 URL 对相关的 Request 进行 yield 操作。对于这些请求，我们设置 CrawlSpider 的 _response_download() 方法作为回调，并设置 meta['rule'] 参数，以便其 Response 能够被适当的 Rule 处理。坦白来说，我们查阅了 Scrapy 的源代码，发现 CrawlSpider 创建 Request 的方式使用了相同的方法。在本例中，代码如下所示。

```python
def __init__(self, crawler):
    ...
    self._start_urls = settings.get('DISTRIBUTED_START_URLS', None)
    self.is_worker = self._start_urls is not None

def process_start_requests(self, start_requests, spider):
    if not self.is_worker:
        for x in start_requests:
            yield x
    else:
        for url in json.loads(self._start_urls):
            yield Request(url, spider._response_downloaded,
                          meta={'rule': self._target})
```

我们的中间件已经准备好了。可以在 settings.py 中启用它并进行设置。

```python
SPIDER_MIDDLEWARES = {
    'properties.middlewares.Distributed': 100,
}
DISTRIBUTED_TARGET_RULE = 1
DISTRIBUTED_BATCH_SIZE = 2000
DISTRIBUTED_TARGET_FEED_URL = ("ftp://anonymous@spark/"
                               "%(batch)s_%(name)s_%(time)s.jl")
DISTRIBUTED_TARGET_HOSTS = [
    "scrapyd1:6800",
    "scrapyd2:6800",
    "scrapyd3:6800",
]
```

一些人可能会认为 DISTRIBUTED_TARGET_RULE 不应该作为设置，因为不同爬虫之间可能是不一样的。你可以将其认为是默认值，并且可以在爬虫中使用 custom_settings 属性进行覆写，比如：

```python
custom_settings = {
    'DISTRIBUTED_TARGET_RULE': 3
}
```

不过在我们的例子中并不需要这么做。我们可以做一个测试运行，爬取作为设置提供的单个页面。

```
$ scrapy crawl distr -s \
DISTRIBUTED_START_URLS='["http://web:9312/properties/property_000000.html"]'
```

当爬取成功后，可以尝试更进一步，爬取页面后使用 FTP 传输给 Spark 服务器。

```
scrapy crawl distr -s \
DISTRIBUTED_START_URLS='["http://web:9312/properties/property_000000.
html"]' \
-s FEED_URI='ftp://anonymous@spark/%(batch)s_%(name)s_%(time)s.jl' -a
batch=12
```

如果你通过 ssh 登录到 Spark 服务器中（稍后会有更多介绍），将会看到一个文件位于/root/items 目录中，比如 12_distr_date_time.jl。

上述是使用 Scrapyd 实现分布式爬取的中间件的示例实现。你可以使用它作为起点，实现满足自己特殊需求的版本。你可能需要适配的事情包括如下内容。

- 支持的爬虫类型。比如，一个不局限于 CrawlSpider 的替代方案可能需要你的爬虫通过适当的 meta 以及采用回调命名约定的方式来标记分布式请求。

- 向 Scrapyd 传输 URL 的方式。你可能希望使用特定域名信息来减少传输的信息量。比如，在本例中，我们只传输了房产的 ID。

- 你可以使用更优雅的分布式队列解决方案，使爬虫能够从失败中恢复，并允许 Scrapyd 将更多的 URL 提交到批处理。

- 你可以动态填充目标服务器列表，以支持按需扩展。

11.4.4 在 Scrapyd 服务器中部署项目

为了能够在我们的 3 台 Scrapyd 服务器中部署爬虫，我们需要将这 3 台服务器添加到 scrapy.cfg 文件中。该文件中的每个[deploy:target-name]区域都定义了一个新的部署目标。

```
$ pwd
/root/book/ch11/properties
```

```
$ cat scrapy.cfg
...
[deploy:scrapyd1]
url = http://scrapyd1:6800/
[deploy:scrapyd2]
url = http://scrapyd2:6800/
[deploy:scrapyd3]
url = http://scrapyd3:6800/
```

可以通过 scrapyd-deploy -l 查询当前可用的目标。

```
$ scrapyd-deploy -l
scrapyd1                 http://scrapyd1:6800/
scrapyd2                 http://scrapyd2:6800/
scrapyd3                 http://scrapyd3:6800/
```

通过 scrapyd-deploy <target-name>，可以很容易地部署任意服务器。

```
$ scrapyd-deploy scrapyd1
Packing version 1449991257
Deploying to project "properties" in http://scrapyd1:6800/addversion.json
Server response (200):
{"status": "ok", "project": "properties", "version": "1449991257",
"spiders": 2, "node_name": "scrapyd1"}
```

该过程会留给我们一些额外的目录和文件（build、project.egg-info、setup.py），我们可以安全地删除它们。本质上，scrapyd-deploy 所做的事情就是打包你的项目，并使用 addversion.json 上传到目标 Scrapyd 服务器当中。

之后，当我们使用 scrapyd-deploy -L 查询单台服务器时，可以确认项目是否已经被成功部署，如下所示。

```
$ scrapyd-deploy -L scrapyd1
properties
```

我还在项目目录中使用 touch 创建了 3 个空文件（scrapyd1-3）。使用 scrapyd* 扩展为文件名称，同样也是目标服务器的名称。之后，你可以使用一个 bash 循环部署所有服务器：for i in scrapyd*; do scrapyd- deploy $i; done。

11.5 创建自定义监控命令

如果想监控多台 Scrapyd 服务器的爬虫进程，则需要手动执行。这是一个很好的机会，能够让我们练习到目前为止所见到的一切知识，创建一个原始的 **Scrapy** 命令——scrappy monitor，用于监控一组 Scrapyd 服务器。我们将该文件命名为monitor.py，并且在 settings.py 文件中添加 COMMANDS_MODULE = 'properties.monitor'。通过快速浏览 Scrapyd 的文档，我们发现 listjobs.json 这个 API 可以为我们提供任务相关的信息。如果想要找到给定目标的基础 URL，可以猜到它一定在 scrapyd-deploy 代码中的某个地方，从而可以让我们在单个文件中找到它。如果查看 https://github.com/scrapy/scrapyd-client/blob/master/scrapyd-client/scrapyd-deploy，很快就会发现_get_target()函数（由于其实现没有添加太多值，因此我会忽略它），在该函数中将会给我们提供目标名称及其基础 URL。太棒了！我们开始实现该命令的第一部分吧，其代码如下所示。

```
class Command(ScrapyCommand):
    requires_project = True

    def run(self, args, opts):
        self._to_monitor = {}
        for name, target in self._get_targets().iteritems():
            if name in args:
                project = self.settings.get('BOT_NAME')
                url = target['url'] + "listjobs.json?project=" + project
                self._to_monitor[name] = url

        l = task.LoopingCall(self._monitor)
        l.start(5) # call every 5 seconds

        reactor.run()
```

目前我们所看到的实现还是很简单的。它使用目标名称和我们想要监控的 API 地址填充_to_monitor 字典。然后，我们使用 task.LoopingCall()计划到_monitor()

方法的定期调用。`_monitor()`方法使用了 `treq` 和延迟操作，而我们使用了`@defer.inlineCallbacks` 来简化其实现。下面是其代码（已忽略一些错误处理和装饰）。

```
@defer.inlineCallbacks
def _monitor(self):
    all_deferreds = []
    for name, url in self._to_monitor.iteritems():
        d = treq.get(url, timeout=5, persistent=False)
        d.addBoth(lambda resp, name: (name, resp), name)
        all_deferreds.append(d)

    all_resp = yield defer.DeferredList(all_deferreds)

    for (success, (name, resp)) in all_resp:
        json_resp = yield resp.json()
        print "%-20s running: %d, finished: %d, pending: %d" %
            (name, len(json_resp['running']),
                len(json_resp['finished']), len(json_resp['pending']))
```

上面这些行已经包含了我们知道的几乎所有 Twisted 技术。我们使用 `treq` 调用 Scrapyd 的 API，并且使用 `defer.DeferredList` 立即处理所有响应。当我们的所有结果进入到 `all_resp` 之后，则开始迭代并获取其 JSON 对象。`treq Response` 的 `json()`方法将会返回延迟操作，而不是真实值，我们对其执行了 `yield` 操作，并会在未来的某个时间点恢复其真实值。最后一步，我们打印出结果。JSON 响应包含待处理、运行中及已完成任务列表的信息，我们将打印出它们的长度。

11.6　使用 Apache Spark 流计算偏移量

此刻，我们的 Scrapy 系统功能齐全。现在，让我们快速看一下 Apache Spark 的功能。

在本章最开始介绍的公式 $shift_{term}$ 非常简单好用，但是无法有效实现。我们可以通过两个计数器计算 $\overline{Price}$，使用 $2 \cdot n_{terms}$ 个计数器计算 $\overline{Price_{with}}$，每个新价格只需更新其中的 4 个。不过计算 $\overline{Price_{without}}$ 则是一个很大的问题，因为对于每个新价格来说，都需要更新 $2 \cdot (n_{terms}-1)$ 个计数器。比如，我们需要添加 jacuzzi 的价格到每个 $Price_{without}$ 计数器中，而不是只有 jacuzzi 这一个。这会造成算法由于包含大量条件而不可行。

为了解决该问题，我们所能注意到的是，如果我们将带某个条件的房产价格，与不带相同条件的房产价格相加，将会得到所有房产的价格（很明显！），即 $\Sigma Price = \Sigma Price|_{with} + \Sigma Price|_{without}$。因此，不带某个条件的房产平均价格可以使用如下的代价很小的操作进行计算。

$$\overline{Price_{without}} = \frac{\sum Price_{without}}{n_{without}} = \frac{\sum Price - \sum Price|_{without}}{n - n_{with}}$$

使用该公式，偏移公式变为如下所示。

$$Shift_{term} = \left(\frac{\sum Price|_{with}}{n_{with}} - \frac{\sum Price - \sum Price|_{with}}{n - n_{with}} \right) \Big/ \frac{\sum Price}{n}$$

现在让我们看看如何实现该公式。请注意此处不是 Scrapy 的代码，因此感到有些陌生是很正常的，不过你仍然可以不费太多力气就能阅读并理解该代码。你可以在 boostwords.py 中找到该应用。请记住该代码中包含很多复杂的测试代码，你可以安全地忽略它们。其核心代码如下所示。

```
# Monitor the files and give us a DStream of term-price pairs
raw_data = raw_data = ssc.textFileStream(args[1])
word_prices = preprocess(raw_data)

# Update the counters using Spark's updateStateByKey
running_word_prices = word_prices.updateStateByKey(update_state_function)

# Calculate shifts out of the counters
shifts = running_word_prices.transform(to_shifts)

# Print the results
shifts.foreachRDD(print_shifts)
```

Spark 使用所谓的 DStream 表示数据流。textFileStream() 方法监控文件系统的目录，当它检测到新文件时，将会从中获取数据流。preprocess() 函数将其转变为条件/价格对的数据流。我们通过 Spark 的 updateStateByKey() 方法，使用 update_state_function() 函数，在运行的计数器中聚合这些条件/价格对。最后，通过运行 to_shifts() 计算偏移量，并使用 print_shifts() 函数打印出最佳结果。我们的大部分功能都很简单，它们只是按照对 Spark 高效的方式形成数据。最有意思的例外是我们的 to_shifts() 函数。

```
def to_shifts(word_prices):
    (sum0, cnt0) = word_prices.values().reduce(add_tuples)
    avg0 = sum0 / cnt0

    def calculate_shift((isum, icnt)):
        avg_with = isum / icnt
        avg_without = (sum0 - isum) / (cnt0 - icnt)
        return (avg_with - avg_without) / avg0

    return word_prices.mapValues(calculate_shift)
```

它如此紧密地遵循公式，令人印象非常深刻。除了其简单性之外，Spark 的 map Values()使我们的（可能多台）Spark 服务器能够以最小网络开销高效运行 calculate_ shift。

11.7　运行分布式爬取

我通常使用 4 个终端查看爬取的完成进度。为了使本节自成一体，因此我还为你提供了打开到相关服务器终端的 vagrant ssh 命令（见图 11.3）。

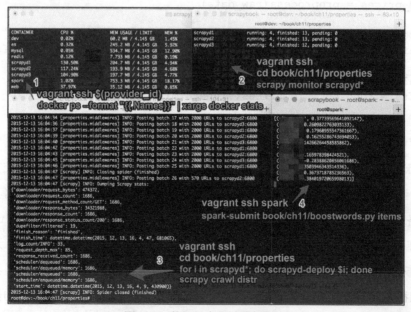

图 11.3　使用 4 个终端监控爬取

在终端 1 中，我喜欢监控多台服务器的 CPU 和内存使用率。这有助于识别和修复潜在问题。要想启动它，可运行如下命令。

```
$ alias provider_id="vagrant global-status --prune | grep 'docker-provider' | awk '{print \$1}'"
$ vagrant ssh $(provider_id)
$ docker ps --format "{{.Names}}" | xargs docker stats
```

前面两行稍微复杂的代码允许通过 ssh 登录到 docker provider VM 中。如果使用的不是虚拟机，而是运行在 docker 驱动的 Linux 机器上，那么只需要最后一行。

第 2 个终端同样用于诊断，一般按照如下命令使用它运行 scrapy monitor。

```
$ vagrant ssh
$ cd book/ch11/properties
$ scrapy monitor scrapyd*
```

请记住使用 scrapyd* 以及以服务器名称命名的空文件，scrapy monitor scrapyd* 将被扩展为 scrapy monitor scrapyd1 scrapyd2 scrapyd3。

第 3 个终端是我们的开发机，我们在这里启动爬虫。除此之外，大部分时间是空闲的。如果想要启动一个新的爬虫，可以执行如下命令。

```
$ vagrant ssh
$ cd book/ch11/properties
$ for i in scrapyd*; do scrapyd-deploy $i; done
$ scrapy crawl distr
```

最后两行是最基本的。首先，我们使用 for 循环及 scrapyd-deploy 部署爬虫到服务器中。然后，使用 scrapy crawl distr 启动爬取操作。我们也可以运行更少的爬取操作，比如 scrapy crawl distr -s CLOSESPIDER_PAGECOUNT=100，以爬取大约 100 个索引页，相当于大概 3000 个详情页。

最后的第 4 个终端用于连接 Spark 服务器，我们将使用它运行数据流分析任务。

```
$ vagrant ssh spark
$ pwd
/root
$ ls
book items
$ spark-submit book/ch11/boostwords.py items
```

只有最后一行是最基本的，在该行中运行了 `boostwords.py`，并将我们本地的 items 目录提供给监控。有时，我还会使用 `watch ls -l items` 来关注 Item 文件的到达情况。

究竟哪些关键词对价格影响最大呢？我把它作为惊喜，留给那些一直跟随下来的读者们。

11.8　系统性能

在性能方面，结果很大程度上取决于我们的硬件情况，以及我们给虚拟机的 CPU 数量和内存大小。在实际部署中，我们可以获得水平的伸缩性，可以让我们以服务器允许的最快速度运行爬取。

对于给定设置情况下的理论最大值是：3 个服务器 · 4 个处理器/服务器 · 16 个并发请求 · 4 个页面/秒（通过页面下载延迟定义）= 768 个页面/秒。

实践时，在 Macbook Pro 中使用分配了 4GB 内存以及 8 核 CPU 的 VirtualBox 虚拟机，我可以在 2 分 40 秒的时间内获取 50,000 个 URL，也就是大约 315 个页面/秒。在拥有 2 个 vCPU 和 8GB 内存的 Amazon EC2 m4.large 实例中，由于有限的 CPU 能力，花费了 6 分 12 秒的时间，即 134 个页面/秒。在拥有 16 个 vCPU 和 64GB 内存的 Amazon EC2 m4.4xlarge 实例中，爬取完成时间是 1 分 44 秒，即 480 个页面/秒。在同一台机器中，我将 Scrapyd 的实例数量加倍，即增加到 6 个（只需编辑 Vagrantfile、scrapy.cfg 以及 settings.py），此时爬虫完成时间为 1 分 15 秒，即其速度为 667 个页面/秒。在最后一种情况下，我们的 Web 服务器似乎遇到了瓶颈（在实际中意味着中断）。

我们得到的性能与理论最大值之间的距离是合理的。有很多小的延迟在我们的粗略计算中是没有考虑进去的。尽管我们之前声称有 250ms 的页面加载延迟，但是在前面的章节中可以看到该延迟实际上更大，因为至少还有 Twisted 和操作系统的延迟。另外，还有一些其他延迟，比如 URL 从开发机传输到 Scrapyd 服务器的时间、我们爬取的 Item 通过 FTP 传给 Spark 的时间以及 Scrapyd 发现和计划任务所花费的时间（平均 2.5 秒——参考 Scrapyd 的 poll_interval 设置）。此外，还有开发机以及 Scrapyd

爬取的启动时间没有计算进来。我将不会尝试改善这些延迟中的任何一个，除非能确定它们可以提升吞吐量。我的下一步是增加爬取的大小（比如 50 万个页面）、负载均衡几个 Web 服务器实例以及在我们的扩展尝试中发现下一个有趣的挑战。

11.9 关键要点

本章最重要的要点是，如果你想运行分布式爬虫，则应当使用合适的批次大小。

根据源网站的响应速度，你可能有数百、数千甚至数万个 URL。你会希望它们足够大，达到几分钟的级别，以便能够分摊启动成本。而另一方面，你又不希望它们过大，因为这将会使机器故障成为主要风险。在容错分布式系统中，你可以重试失败的批次，但你不会希望这将给你带来几个小时的工作量。

11.10 本章小结

我希望你能喜欢这本关于 Scrapy 的书，就像我编写它那样。你现在已经对 Scrapy 的能力有了非常丰富的了解，并且能够使用它实现或简单或复杂的爬虫场景。你也会对使用这样一个高性能系统并充分利用它进行开发的复杂性有所了解。使用爬虫，你可以通过自己的应用及时获取现实世界中的大规模数据集。我们已经看到了使用 Scrapy 数据集构建手机应用及实现有趣分析的方式。希望你能使用 Scrapy 开发出优秀、创新的应用，让我们的世界变得更好。祝你好运！

附录 A
必备软件的安装与故障排除

A.1　必备软件的安装

本书使用了庞大的虚拟服务器系统演示现实中多服务器部署环境下的 Scrapy 使用。我们使用了行业标准工具——Vagrant 和 Docker，来搭建该系统。由于本书严重依赖于网站内容和布局，如果我们使用不可控的网站，那么我们的例子将会在几个月的时间之后无法使用。Vagrant 和 Docker 为我们提供了一个独立的环境，在这里我们的示例无论现在还是以后都能正常运行。作为附带的好处，我们不会访问任何远程服务器，因此就不会对任何网站管理者造成不便。即使我们破坏了某些东西，造成示例无法工作，也可以使用两个命令：`vagrant destroy` 和 `vagrant up --no-parallel`，销毁并重建系统，继续运行。

在开始之前，我需要说明一下，该基础架构是专门为本书读者的需求定制的。尤其是有关 Docker 的部分，普遍共识是每个 Docker 容器应当是只运行单一进程的微服务。我们并没有这么做。我们的很多 Docker 容器都比较重，我们可以使用 `vagrant ssh` 连接它们并执行各种操作。尤其是我们的开发机看起来一点也不像微服务。这是我们去往该隔离系统的用户友好的网关，我们将其视为功能齐全的 Linux 机器。如果我们不使用这种方式改变规则，就必须使用大量的 Vagrant 和 Docker 命令，更加深入地排查故障，在这种情况下本书将很快变为 Vagrant/Docker 书籍。我希望 Docker 爱好者能够原谅我们，并且每位读者能够享受到 Vagrant 和 Docker 带给我们的方便和益处。

 本书中的容器不适用于生产环境。

我们不可能测试每个软件/硬件的配置。假设某些地方无法工作，如果可以的话，请修复它并在 GitHub 中向我们发送一个 Pull Request。如果你不知道如何修复，那么请在 GitHub 上搜索相关 issue，如果不存在的话请打开一个新的 issue。

A.2　系统

本节用于参考。你可以先跳过本节内容，当想要更好地理解本书系统的构成方式时，可以返回来阅读本节。我们在相关章节中重复了本节中的部分信息。

我们使用 Vagrant 构建了如下系统（见图 A.1）。

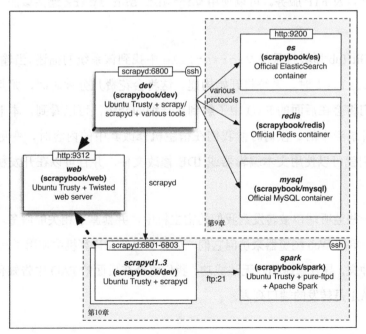

图 A.1　本书使用的系统

在图 A.1 中，每个方框表示一台服务器，主机名是其标题的第一部分（dev、Web、es 等）。标题的第二部分是其使用的 Docker 镜像（scrapybook/dev、scrapybook/web、scrapybook/es 等）。下面是运行在该服务器上的软件的简要描述。线段表示不同服务器之间的链接，其协议写在线段旁边。Docker 所提供的隔离的一部分是不允许超出显式声明的连接。也就是说，比如你想在 Spark 服务器上使用 1234 端口监听某些东西，除非你在 Vagrant 文件中添加相关声明暴露该端口，否则没有人能连接到该端口。请记住这一点，以避免在其他服务器中安装自定义软件时出现问题。

在大部分章节中，我们只会使用到两个机器：dev 和 web。vagrant ssh 可以让我们连接到开发机中。我们可以从这里使用主机名很轻松地访问其他机器（mysql、web等）。我们可以通过执行如 ping web 的操作来确认能否访问 web 机器。我们在每章中使用并解释了很多命令。第 9 章演示了如何推送数据到不同的数据库。第 11 章使用了 3 个运行 Scrapyd 的 Docker 容器（实际上与开发机相同，以减少下载大小），这些机器的主机名分别是 scrapyd1-3。我们还使用了一个主机名为 spark 的服务器，用于运行 Apache Spark 以及 FTP 服务。可以使用 vagrant ssh spark 连接该服务器，并运行 Spark 任务。

可以在 GitHub 顶级目录的 Vagrantfile 中找到该系统的描述。当输入 vagrant up --no-parallel 时，系统将开始构建。这将会花费几分钟时间，尤其是在第一次构建时，我们将会在后面的 FAQ 中了解到更详细的介绍。可以看到，本书代码是挂载在~/book 目录当中的。任何时候我们在宿主机修改其中的内容时，变更都会自动传播。这样我们就可以使用文本编辑器或 IDE 修改文件，并且可以在开发机中快速查看变化了。

最后，一些监听端口被转发到我们的宿主机中，并暴露了相关的服务。比如，你可以使用一个简单的 Web 浏览器来访问它们。如果你已经在计算机中使用了其中某个端口，那么会产生冲突，导致系统构建无法成功。我们将会在后面的 FAQ 中告知你如何解决这种情况。表 A.1 是转发的端口列表。

表 A.1

机器和服务	从开发机访问的地址	从你的（宿主）机访问的地址
Web - web 服务器	http://web:9312	http://localhost:9312
dev—scrapyd	http://dev:6800	http://localhost:6800
scrapyd1—scrapyd	http://scrapyd1:6800	http://localhost:6801
scrapyd2—scrapyd	http://scrapyd2:6800	http://localhost:6802
scrapyd3—scrapyd	http://scrapyd3:6800	http://localhost:6803
es—Elasticsearch API	http://es:9200	http://localhost:9200
spark—FTP	ftp://spark:21 & 30000-9	ftp://localhost:21 & 30000-9
Redis—Redis API	redis://redis:6379	redis://localhost:6379
MySQL - MySQL 数据库	mysql://mysql:3306	mysql://localhost:3306

部分机器的 ssh 也是暴露的，Vagrant 负责为我们重定向并转发这些端口，以避免冲突。我们所需要做的就是运行 vagrant ssh <hostname>来访问想要连接的机器。

A.3　安装概述

我们所需安装的必要软件如下：

- Vagrant；

- git；

- VirtualBox（Windows 或 Mac 主机）或 Docker（Linux 主机）。

在 Windows 中，可能还需要启用 git ssh 客户端。你可以访问它们的网站，并遵照它们对你所使用的平台描述的步骤操作。在下面几节中，我们将尝试提供逐步指引方案，目前来说这些方法是有效的，不过它们肯定会在未来某个时间失效，因此也请随时关注其官方文档。

A.4　在 Linux 上安装

我们之所以首先介绍如何在 Linux 上安装系统是因为它是最简单的。我将以 Ubuntu 14.04.3 LTS (Trusty Tahr)进行演示，不过该过程在其他分发版本中也会十分相似，当然分发版本越不常见，你就越能了解如何填补其中的差距。为了安装 Vagrant，需要访问 Vagrant 的网站：`https://www.vagrant.com/`，并浏览其下载页。右键单击 **Debian package, 64-bit version**。复制链接地址，如图 A.2 所示。

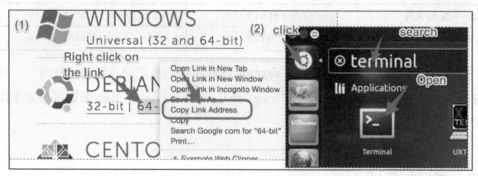

图 A.2

我们将使用终端安装 Vagrant，因为这是最通用的方式，尽管可以在 Ubuntu 上通过几下单击达成相同目的。为了打开终端，需要单击屏幕左上角的 Ubuntu 图标来打开 **Dash**。另一种方案是，按下 **Windows** 按键。然后输入 `terminal`，并单击 **Terminal** 图标以打开它。

我们输入 `wget`，并粘贴从 **Vagrant** 页面中得到的链接。几秒后，将会下载一个 .deb 文件。输入 `sudo dpkg -I <name of the .deb file you just downloaded>` 以安装文件。到这里为止，**Vagrant** 已经被安装好了。

安装 git 只需要在终端中输入如下两行命令。

```
$ sudo apt-get update
$ sudo apt-get install git
```

现在，让我们来安装 Docker。我们将按照 https://docs.docker.com/engine/ installation/ubuntulinux/的指南进行安装。在终端中，输入如下命令。

```
$ sudo apt-key adv --keyserver hkp://p80.pool.sks-keyservers.net:80
--recv-keys 58118E89F3A912897C070ADBF76221572C52609D

$ echo "deb https://apt.dockerproject.org/repo ubuntu-trusty main" | sudo
tee /etc/apt/sources.list.d/docker.list

$ sudo apt-get update
$ sudo apt-get install docker-engine
$ sudo usermod -aG docker $(whoami)
```

我们登出并再重新登录以应用分组变化，此时，应该可以没有问题地使用 docker ps 命令了。现在，我们可以下载本书的代码，并享受本书内容。

```
$ git clone https://github.com/scalingexcellence/scrapybook.git
$ cd scrapybook
$ vagrant up --no-parallel
```

A.5 在 Windows 或 Mac 上安装

Windows 和 Mac 环境中的安装过程是相似的，因此我们将一起介绍这两种环境下的安装，并凸显它们之间的区别。

A.5.1 安装 Vagrant

为了安装 Vagrant，我们需要访问 Vagrant 的网站：https://www.vagrantup.com/，并浏览其下载页。选择自己的操作系统，并使用安装向导进行安装，如图 A.3 所示。

几次单击之后，Vagrant 将会安装好。要想访问它，需要打开命令行或终端。

A.5.2 如何访问终端

在 Windows 中，可以按下 *Ctrl* + *Esc* 或 *Win* 键打开应用菜单，并搜索 cmd。而在 Mac 中，可以按下 *Cmd + Space*，并搜索 terminal。上述访问方式如图 A.4 所示。

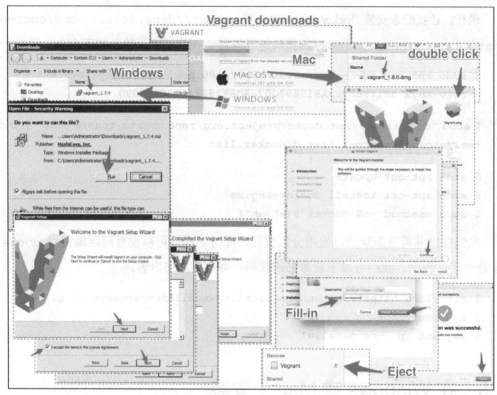

图 A.3

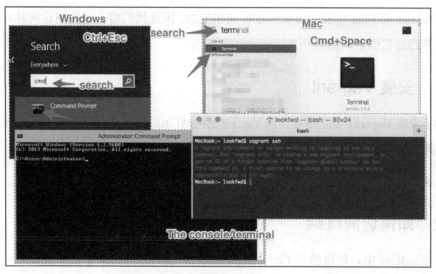

图 A.4

无论哪种情况，我们都得到了一个控制台窗口，当我们输入 vagrant 时，将会打印出一些说明。这就是我们现在所需要做的所有事情。

A.5.3 安装 VirtualBox 和 Git

为了简化该步骤，我们将安装 Docker Toolbox，在其中已经包含了 Git 和 VirtualBox。如果我们使用 Google 搜索 *docker toolbox install*，可以找到 https://www.docker.com/docker-toolbox，在这里可以下载适用于我们操作系统的版本。安装过程像 Vagrant 一样简单，如图 A.5 所示。

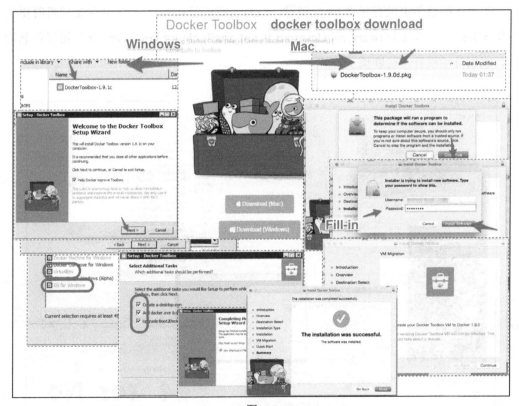

图 A.5

A.5.4 确保 VirtualBox 支持 64 位镜像

安装好 Docker Toolbox 之后，可以在 Windows 桌面或 Mac 的启动器（按下 F4 打开）

中找到 VirtualBox 的图标。尽早检查 VirtualBox 是否支持 64 位镜像非常重要，检查过程如图 A.6 所示。

打开 VirtualBox，单击 **New** 按钮来创建一个新的虚拟机。查看版本下拉菜单，检查其中的选项，然后单击 **Cancel**。我们现在还不需要真正创建一个虚拟机。

> 如果下拉菜单中包含 64 位镜像，那么我们可以跳过本节接下来的部分。

如果下拉菜单中没有包含 64 位镜像，或者当我们尝试运行一个 64 位虚拟机时得到类似 **VT-x/AMD-V hardware acceleration is not available on your system** 的错误信息的话，我们可能就有一些麻烦了。

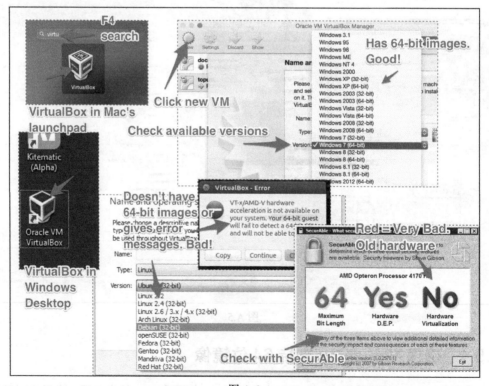

图 A.6

这意味着 VirtualBox 无法检测到我们电脑中的 VT-x 或 AMD-V 扩展。如果我们的硬件过旧，那么这种情况是合理且符合预期的。但是如果是新硬件，那么很可能是由于这些扩展在 BIOS 中被禁用了。如果我们使用的是 Windows 系统（很大可能），一个简单的方式是通过名为 SecurAble 的工具进行检查，该工具可以从 `https://www.grc.com/securable.htm` 中下载。如果 **Hardware Virtualization** 为红色且提示为 **No** 的话，就意味着我们的 CPU 不支持必要的虚拟扩展。在这种情况下，我们将无法运行 Vagrant/Docker，不过我们仍然可以安装 Scrapy，并且使用在线网站（`scrapybook.s3.amazonaws.com`）作为源来运行这些示例。我们可以从第 4 章中的爬虫开始使用，该爬虫是可以直接拿来使用的，并且是针对在线网站构建的。

如果 **Hardware Virtualization** 为绿色，我们很可能可以从 BIOS 中启用该扩展。使用 Google 搜索你的电脑机型，以及如何变更 BIOS 中关于 VT-x 或 AMD-V 的设置。通常情况下，我们可以在重启时按下某个按键以访问 BIOS。在这里，我们需要进入安全相关的菜单，然后启用 **Virtualization Technology (VTx)** 或其他类似写法的选项。重启过后，我们将能够从该计算机运行 64 位的虚拟机。

A.5.5　在 Windows 中启用 ssh 客户端

如果我们使用的是 Mac，将不需要本步，可以直接跳到下一节中。如果我们使用的是 Windows，则没有提供给我们默认的 ssh 客户端。幸运的是，Git（我们刚才安装的）有一个 ssh 客户端，我们可以通过添加 Windows Path 的方式激活它，如图 A.7 所示。

默认情况下，ssh 的二进制文件位于 C:\Program Files\Git\usr\bin 中（图 A.7 所示的 1 区域）。我们需要添加 C:\Program Files\Git\usr\bin 和 C:\Program Files\Git\bin 到路径当中。为了实现该目的，我们需要将它们复制到记事本中，并在每个路径前添加;来连接它们（如图 A.7 所示的 3 区域）。最终结果如下所示：

`;C:\Program Files\Git\bin;C:\Program Files\Git\usr\bin`

现在，按下 *Ctrl + Esc* 或 *Win* 按键，打开开始菜单，然后找到 **Computer**（**计算机**）选项。右键单击它（图 A.7 所示的 4 区域），并选择 **Properties**（**属性**）。在弹出的窗口中，选择 **Advanced System Settings**（**高级系统设置**）。然后，单击 **Environment Variables**

（**环境变量**）。这里是我们用于编辑 **Path** 的表单。单击 **Path** 以编辑它。在 **Edit User Variable**
（**编辑用户变量**）对话框中，我们在结尾处粘贴在记事本中连接的两个新路径。应当小心
不要意外覆盖追加路径；之前的任何值。然后单击几次 **OK**（**确定**），退出所有对话框，
此刻必备软件已经全部安装完毕。

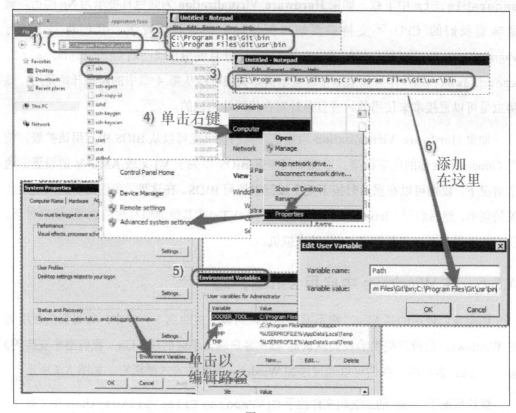

图 A.7

A.5.6　下载本书代码并创建系统

现在，我们已经拥有了一个功能齐全的 Vagrant 系统，接下来打开一个新的控制台/
终端/命令行（我们已经在前面见过如何打开），输入如下命令，享受本书所带来的乐趣。

```
$ git clone https://github.com/scalingexcellence/scrapybook.git
$ cd scrapybook
$ vagrant up --no-parallel
```

A.6　系统创建与操作 FAQ

接下来是你在首次使用 Scrapy 工作时可能遇到的问题的解决方案。

A.6.1　我应该下载什么以及需要花费多少时间

当我们运行 `vagrant up --no-parallel` 之后，就没有那么多的可见度了。所经过的时间与我们的下载速度及网络连接质量密切相关。图 A.8 所示为当网络连接能力达到每秒下载 5MB（38Mbit/s）内容时的期望时间。

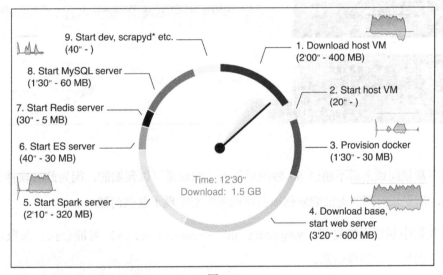

图 A.8

如果我们使用的是 Linux 环境，或是 Docker 已经被安装好，那么前三步就不是必要的，这样可以为我们节省 4 分钟的时间以及 450MB 的下载量。

请注意，上述所有步骤只与用于下载全部内容的 `vagrant up --no- parallel` 命令的第一次运行相关。后续运行在通常情况下只会花费不到 10 秒的时间。

A.6.2　如果 Vagrant 无法响应应该怎么办

可能会有很多原因导致 Vagrant 无法响应，我们所需要做的就是按下 *Ctrl* + *C* 两次从中退出。然后再次尝试 vagrant up --no-parallel，此时应当能够恢复。我们可能需要这样做几次，这取决于网络连接的速度和质量。如果打开 **Windows Task Manager（Windows 任务管理器）**或 Mac 的 **Activity Monitor（活动监视器）**，可以更清晰地看到 Vagrant 正在做什么，如图 A.9 所示。

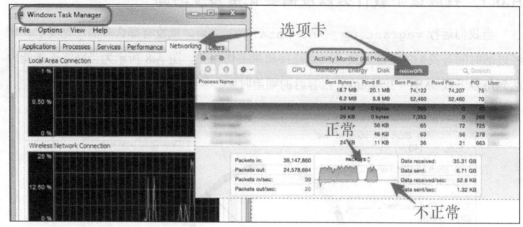

图 A.9

在下载期间或之后不超过 60 秒的短暂无法响应是可以预期的，因为此时软件正在进行安装。而更长时间的无法响应则很有可能意味着出现了某些问题。

当我们中断后再恢复时，vagrant up --no-parallel 可能会执行失败，并返回类似下面所述的错误信息。

```
Vagrant cannot forward the specified ports on this VM... The forwarded
port to 21 is already in use on the host machine.
```

这同样是一个临时性的问题。如果我们再次运行 vagrant up --no-parallel，则应该能够成功恢复。

假设我们见到了如下的失败信息。

```
... Command: "docker" "ps" "-a" "-q" "--no-trunc"
Stderr: bash: line 2: docker: command not found
```

如果发生该情况，请按照下一个问题所显示的方法关闭并恢复虚拟机。

A.6.3　如何快速关闭/恢复虚拟机

当使用虚拟机时，最快的关闭方式是进入节能状态，具体来说就是打开 VirtualBox，选择虚拟机，按下 *Ctrl+ V* 或 *Cmd + V*，或右键单击菜单并选择 **Save State（保存状态）**，如图 A.10 所示。

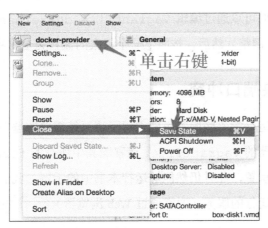

图 A.10

我们可以通过运行 `vagrant up --no-parallel` 恢复虚拟机。开发和 Spark 服务器的~/book 目录都应该可以正常工作。

A.6.4　如何完全重置虚拟机

如果我们想要变更核心数量、内存大小或虚拟机的端口映射，则需要进行完全重置。为了达到该目的，我们仍然需要按照前一个答案的步骤操作，不过现在要选择的是 **Power Off（关闭电源）**，或者按下 *Ctrl + F* 或 *Cmd + F*。我们也能通过编程方式完成此事，其执行语句是 `vagrant global- status --prune`。我们可以找到名为"docker-provider"的虚拟主机的 ID（比如 95d1234），然后使用 `vagrant halt` 停止它，比如 `vagrant halt 957d887`。

然后，可以使用 `vagrant up --no-parallel` 重启系统。不过很遗憾的是，开发和 Spark 机器很可能已经清空了其~/book 目录。要想解决该问题，可以运行 vagrant destroy -f dev spark，然后重新运行 vagrant up --no-parallel。这将解决此类问题。

A.6.5 如何调整虚拟机大小

我们可能想要改变虚拟机的大小，比如将使用的内存从 2GB 调整为 1GB，将使用的 8 核调整为 4 核。我们可以通过编辑 Vagrantfile.dockerhost 的 vb.memory 及 vb.cpus 设置来进行调整。然后，按照上一个答案的流程完全重置虚拟机。

A.6.6 如何解决端口冲突

有时，在主机上运行的一些服务可能占用了该系统需要的端口。首先，请注意如果我们打开了这两个机器的 Vagrantfile，请移除其中所有的 forwarded_port 语句，按照后面讲到的方法重置，此时仍然能够运行本书中的示例。我们可能刚好不太容易检查宿主机上这些端口运行的服务（通常通过 Web 浏览器）。

也就是说，我们可以通过重新映射冲突端口的方式更适当地解决冲突。让我们使用 Web 服务器 9312 端口的冲突作为示例。根据我们运行的是原生 Linux 还是虚拟机，过程会有些许不同。

Linux 环境使用原生 Docker

该问题将表现为如下所示的错误信息。

```
Stderr: Error: Cannot start container a22f...: failed to create
endpoint web on network bridge: Error starting userland proxy: listen
tcp 0.0.0.0:9312: bind: address already in use
```

打开 Dockerfile，编辑 Web 服务器中 forwarded_port 语句的 host 值。之后，使用 vagrant destroy web 销毁 Web 服务器，并通过 vagrant up web 重启，如果问题发生在初始化加载阶段，则使用 vagrant up --no-parallel 恢复加载。

Windows 或 Mac 环境使用虚拟机

此时，我们会得到不同的错误信息。

```
Vagrant cannot forward the specified ports on this VM, since they
would collide... The forwarded port to 9312 is already in use
on the host machine...
```

为了修复该问题，我们需要打开 Vagrantfile.dockerhost，移除已有的包含端口号的行。然后在下面添加自定义端口转发语句，比如：config.vm.network "forwarded_port"，guest：9312，host：9316。此时将会修改为使用 9316 端口。接下来，按照"如何完全重置虚拟机"这一问题的答案流程重置虚拟机，一切又都会正常工作了。

A.6.7　如何隐藏在公司代理背后工作

有一些简单代理和 TLS 拦截代理。简单代理需要我们在请求到达互联网之前，转发到代理服务器上。它们可能需要权限验证，也可能不需要，不过无论哪种情况，我们需要使用的信息就是 URL，该 URL 可以从我们的 IT 部门获取到。它大概形如 http://user:pass@proxy.com:8080/。如果我们使用的是 Linux，而不是虚拟机，很可能已经完全正确配置，不再需要进一步的调整。不过如果我们使用的是虚拟机，则需要使代理服务器在 Vagrant、Docker provider VM、Ubuntu 的 APT 下载以及 Docker 服务自身都应当可用。所有这些操作都已经在 Vagrantfile.dockerhost 中进行了处理，我们只需要移除定义 proxy_url 行的注释，并正确设置其值即可。

假设遇到了如下的 SSL 相关的问题。

```
SSL certificate problem: unable to get local issuer certificate
...
If you'd like to turn off curl's verification of the certificate, use
the -k (or --insecure) option.
```

无论是 Vagrant 还是部署的 Docker，我们都很可能需要处理 TLS 拦截代理的问题。这种代理旨在以一种"中间人"的角色监控所有安全和不安全流量。它们代表我们执行 https 请求，在必要时验证证书；而我们执行到它们的 https 连接，验证它们的证书。我们的 IT 部门很可能会提供给我们一个证书，通常情况下是 .crt 文件的形式。我们将该文件的副本放到本书主目录下（Vagrantfile 所在的目录）。接下来，按照前面例子设置 proxy_url，然后更进一步取消掉定义 crt_filename 变量所在行的注释，将其值设置为我们的证书文件的名称。

A.6.8　如何连接 Docker provider 虚拟机

如果我们处于 Linux 环境中，并且没有使用虚拟机，那么我们的机器已经是 Docker provider，此时无需做任何事情。如果我们使用的是虚拟机，那么可以通过运行 `vagrant global-status --prune` 得到 Docker provider 的 ID，然后找到名为 docker-provider 的机器。我们可以在 Linux 或 Mac 环境中，使用别名的方式对其实现自动化。

```
$ alias provider_id="vagrant global-status --prune | grep 'docker-
provider' | awk '{print \$1}'"
```

我们可以使用 `vagrant ssh <provider id>`，或者在已设置别名的情况下使用 `vagrant ssh $(provider_id)` 来连接 Docker provider。在这里是 Ubuntu Trusty 64 位虚拟机。

A.6.9　每个服务器使用了多少 CPU/内存

如果我们使用了原生 Docker，或者按照前一个答案描述的方法连接到了 provider，那么可以通过 `docker stats`，看到每台独立 Docker 容器所消耗的资源，如下所示。

```
$ docker ps --format "{{.Names}}" | xargs docker stats
```

图 A.11 所示为运行第 11 章代码时的示例输出，此时是 Scrapyd 从 Web 服务器集中下载的时间。

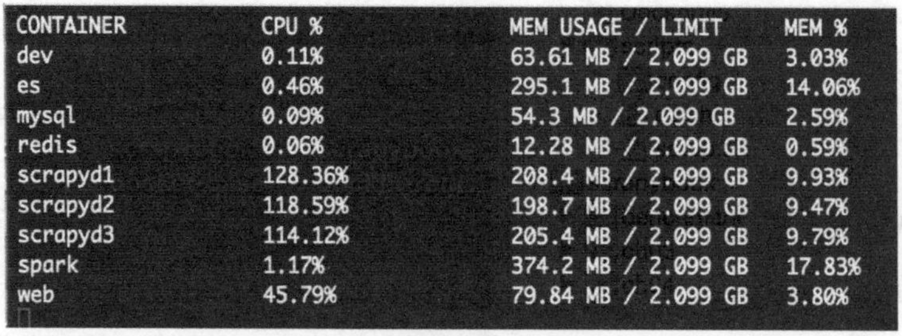

```
CONTAINER      CPU %       MEM USAGE / LIMIT      MEM %
dev            0.11%       63.61 MB / 2.099 GB    3.03%
es             0.46%       295.1 MB / 2.099 GB    14.06%
mysql          0.09%       54.3 MB / 2.099 GB     2.59%
redis          0.06%       12.28 MB / 2.099 GB    0.59%
scrapyd1       128.36%     208.4 MB / 2.099 GB    9.93%
scrapyd2       118.59%     198.7 MB / 2.099 GB    9.47%
scrapyd3       114.12%     205.4 MB / 2.099 GB    9.79%
spark          1.17%       374.2 MB / 2.099 GB    17.83%
web            45.79%      79.84 MB / 2.099 GB    3.80%
```

图 A.11

A.6.10　如何查看 Docker 容器镜像的大小

如果我们使用了原生 Docker，或者按照之前答案中看到的方法连接到了 provider，那么可以使用如下命令查看 Docker 镜像大小。

```
$ docker images
```

本书的容器都是基于一个镜像，每个变体上安装的其他软件都很少。因此，我们看到的 GB 级的大小是虚拟大小，而不是真实占用的磁盘空间。如果我们想要查看镜像的构建层次以及个体大小，可以为很长的 `dockviz` 命令创建一个别名，然后按照如下所示进行使用。

```
$ alias dockviz="docker run --rm -v /var/run/docker.sock:/var/run/docker.
sock nate/dockviz"
$ dockviz images -t
```

A.6.11　当 Vagrant 无法响应时，如何重置系统

即使最终处于一个连 Vagrant 也无法重置的混乱状态，我们也可以对系统进行完全重置。我们可以在不重置虚拟主机的情况下做到这一点，当然这种方式需要花费一些时间来完成。我们所需要做的就是连接到 docker provider 机器，强行停止所有容器，移除它们的镜像，然后重启 Docker。具体命令如下所示。

```
$ docker stop $(docker ps -a -q)
$ docker rm $(docker ps -a -q)
$ sudo service docker restart
```

也可以使用如下命令。

```
$ docker rmi $(docker images -a | grep "<none>" | awk "{print $3}")
```

我们使用这种方式移除了下载的所有 Docker 层内容，这就意味着下一次执行 `vagrant up --no-parallel` 时将会花费一些时间用于下载。

A.7　有一个无法解决的问题，怎么办

我们可以随时使用 VirtualBox 以及从 osboxes.org（http://www.osboxes.org/ubuntu/）下载得到的 Ubuntu 14.04.3（Trusty Tahr）镜像，按照 Linux 的安装过程操作。代码将会完全运行在虚拟机里。我们唯一会忽略的事情是端口转发和同步文件夹，这意味着要么我们手动设置它们，要么在虚拟机中进行开发。

欢迎来到异步社区！

异步社区的来历

异步社区（www.epubit.com.cn）是人民邮电出版社旗下 IT 专业图书旗舰社区，于 2015 年 8 月上线运营。

异步社区依托于人民邮电出版社 20 余年的 IT 专业优质出版资源和编辑策划团队，打造传统出版与电子出版和自出版结合、纸质书与电子书结合、传统印刷与 POD（按需印刷）结合的出版平台，提供最新技术资讯，为作者和读者打造交流互动的平台。

社区里都有什么？

购买图书

我们出版的图书涵盖主流 IT 技术，在编程语言、Web 技术、数据科学等领域有众多经典畅销图书。社区现已上线图书 1000 余种，电子书 400 多种，部分新书实现纸书、电子书同步出版。我们还会定期发布新书书讯。

下载资源

社区内提供随书附赠的资源，如书中的案例或程序源代码。

另外，社区还提供了大量的免费电子书，只要注册成为社区用户就可以免费下载。

与作译者互动

很多图书的作译者已经入驻社区，您可以关注他们，咨询技术问题；可以阅读不断更新的技术文章，听作译者和编辑畅聊好书背后有趣的故事；还可以参与社区的作者访谈栏目，向您关注的作者提出采访题目。

灵活优惠的购书

您可以方便地下单购买纸质图书或电子图书，纸质图书直接从人民邮电出版社书库发货，电子书提供多种阅读格式。

对于重磅新书，社区提供预售和新书首发服务，用户可以第一时间买到心仪的新书。

用户账户中的积分可以用于购书优惠。100 积分 =1 元，购买图书时，在 里填入可使用的积分数值，即可扣减相应金额。

纸电图书组合购买

　　社区独家提供纸质图书和电子书组合购买方式，价格优惠，一次购买，多种阅读选择。

社区里还可以做什么？

提交勘误

　　您可以在图书页面下方提交勘误，每条勘误被确认后可以获得100积分。热心勘误的读者还有机会参与书稿的审校和翻译工作。

写作

　　社区提供基于 Markdown 的写作环境，喜欢写作的您可以在此一试身手，在社区里分享您的技术心得和读书体会，更可以体验自出版的乐趣，轻松实现出版的梦想。

　　如果成为社区认证作译者，还可以享受异步社区提供的作者专享特色服务。

会议活动早知道

　　您可以掌握 IT 圈的技术会议资讯，更有机会免费获赠大会门票。

加入异步

　　扫描任意二维码都能找到我们：

| 异步社区 | 微信服务号 | 微信订阅号 | 官方微博 | QQ群：436746675 |

社区网址：www.epubit.com.cn

投稿 & 咨询：contact@epubit.com.cn